# 深海的低语

## 抹香鲸的隐秘世界

FRANÇOIS SARANO

LE RETOUR DE MOBY DICK

OU CE QUE LES CACHALOTS
NOUS ENSEIGNENT SUR LES OCÉANS
ET LES HOMMES

［法］
弗朗索瓦·萨拉诺
著

杨淑岚 译

中国出版集团 東方出版中心

# 走向旷野，万物共荣

2021年，当东方出版中心的编辑联系我，告知社里准备引进法国南方书编出版社（Actes Sud）的一套丛书，并发来介绍文案时，我一眼就被那十几本书的封面和书名深深吸引：《踏着野兽的足迹》《像冰山一样思考》《像鸟儿一样居住》《与树同在》……

自一万多年前的新仙女木事件之后，地球进入了全新世，气候普遍转暖，冰川大量消融，海平面迅速上升，物种变得多样且丰富，呈现出一派生机勃勃的景象。稳定的自然环境为人类崛起创造了绝佳的契机。第一次，文明有了可能，人类进入新石器时代，开始农耕畜牧，开疆拓土，发展现代文明。可以说，全新世是人类的时代，随着人口激增和经济飞速发展，人类已然成了驱动地球变化最重要的因素。工业化和城市化进程极大地影响了土壤、地形以及包括硅藻种群在内的生物圈，地球持续变暖，大气和海洋面临着各种污染的严重威胁。一方面，人类的活动范围越来越大，社会日益繁荣，人丁兴旺；另一方面，耕种、放牧和砍伐森林，尤其是工业革命后的城市扩张和污染，毁掉了数千种动物的野生栖息地。更别说人类为了获取食物、衣着和乐趣而进行的大肆捕捞和猎杀，生物多样性正面临崩塌，许多专家发出了“第六次生物大灭绝危机”悄然来袭的警告。

“人是宇宙的精华，万物的灵长。”从原始人对天地的敬畏，到商汤“网开三面”以仁心待万物，再到“愚公移山”的豪情壮志，以人类为中心的文明在改造自然、征服自然的路上越走越远。2000 年，为了强调人类在地质和生态中的核心作用，诺贝尔化学奖得主保罗·克鲁岑（Paul Crutzen）提出了“人类世”（Anthropocene）的概念。虽然“人类世”尚未成为严格意义上的地质学名词，但它为重新思考人与自然的关系提供了新的视角。

“视角的改变”是这套丛书最大的看点。通过换一种“身份”，重新思考我们身处的世界，不再以人的视角，而是用黑猩猩、抹香鲸、企鹅、夜莺、橡树，甚至是冰川和群山之“眼”去审视生态，去反观人类，去探索万物共生共荣的自然之道。法文版的丛书策划是法国生物学家、鸟类专家斯特凡纳·迪朗（Stéphane Durand），他的另一个身份或许更为世人所知，那就是雅克·贝汉（Jacques Perrin）执导的系列自然纪录片《迁徙的鸟》（*Le Peuple migrateur*，2001）、《自然之翼》（*Les Ailes de la nature*，2004）、《海洋》（*Océans*，2011）和《地球四季》

（*Les Saisons*，2016）的科学顾问及解说词的联合作者。这场自 1997 年开始、长达二十多年的奇妙经历激发了迪朗的创作热情。2017 年，他应出版社之约，着手策划一套聚焦自然与人文的丛书。该丛书邀请来自科学、哲学、文学、艺术等不同领域的作者，请他们写出动人的动植物故事和科学发现，以独到的人文生态主义视角研究人与自然的关系。这是一种全新的叙事，让那些像探险家一样从野外归来的人，代替沉默无言的大自然发声。该丛书的灵感也来自他的哲学家朋友巴蒂斯特·莫里佐（Baptiste Morizot）讲的一个易洛魁人的习俗：易洛魁人是生活在美国东北部和加拿大东南部的印第安人，在部落召开长老会前，要指定其中的一位长老代表狼发言——因为重要的是，不仅是人类才有发言权。万物相互依存、共同生活，人与自然是息息相关的生命共同体。

启蒙思想家卢梭曾提出自然主义教育理念，其核心是："归于自然"（Le retour à la nature）。卢梭在《爱弥儿》开篇就写道："出自造物主的东西都是好的，而一到了人的手里，就全变坏了……如果你想永远按照正确的方向前进，你就要始终遵循大自然的指引。"他进而指出，自然教育的最终培养目标是"自然人"，遵循自然天性，崇尚自由和平等。这一思想和老子在《道德经》中主张的"人法地、地法天、天法道、道法自然"不谋而合，"道法自然"揭示了整个宇宙运行的法则，蕴含了天地间所有事物的根本属性，万事万物均效法或遵循"自然而然"的规律。

不得不提的是，法国素有自然文学的传统，尤其是自 19 世纪以来，随着科学探究和博物学的兴起，自然文学更是蓬勃发展。像法布尔的《昆虫记》、布封的《自然史》等，都将科学知识融入文学创作，通过细致的观察记录自然界的现象，捕捉动植物的细微变化，洋溢着对自然的赞美和敬畏，强调人与自然的和谐共处。这套丛书继承了法国自然文学的传统，在全球气候变化和环境问题日益严重的今天，除了科学性和文学性，它更增添了一抹理性和哲思的色彩。通过现代科学的“非人”视角，它在展现大自然之瑰丽奇妙的同时，也反思了人类与自然的关系，关注生态环境的稳定和平衡，探索保护我们共同家园的可能途径。

如果人类仍希望拥有悠长而美好的未来，就应该学会与其他生物相互依存。“每一片叶子都不同，每一片叶子都很好。”

这套持续更新的丛书在法国目前已出二十余本，东方出版中心将优中选精，分批引进并翻译出版，中文版的丛书名改为更含蓄、更诗意的“走向旷野”。让我们以一种全新的生活方式“复野化”，无为而无不为，返璞归真，顺其自然。

是为序。

黄　荭

2024 年 7 月，和园

# 目　录

# 前　言

我们的时代不再抱有幻想。世界似乎丧失了激情。

但是，在愈发浓厚的灰暗之中，有几只萤火虫反抗着。弗朗索瓦·萨拉诺（François Sarano）就是其中之一。他在任何时候都充满好奇与惊叹。当我们在拍摄雅克·佩兰（Jacques Perrin）和雅克·克吕佐（Jacques Cluzaud）的影片《海洋》（*Océans*）时，弗朗索瓦想要乘着橡皮艇、用百米长的缆绳拖着一台鱼雷摄像机环游世界。他声称，只有这样才能拍到鱼、鲨和海豚在镜头前飞速游动的新奇画面。不久，他坚决要证明人可以在某些条件下肩膀抵着鱼鳍，同一条白鲨共游并且安然无恙。不消说，大家一听就认为这很疯狂。然而，在一个星期还没结束时，所有人都跳进水里学起了他的样子。弗朗索瓦有一种感染性的激情，他会将你们带到天涯海角。

他向一门严格但不严苛的技能里注入了哲学和诗意。如今他同毛里求斯岛的抹香鲸群一同潜水，这种动物尤为庄重，有体积最大的白鲨的两倍大，体重轻易就达到40吨，却是再温和不过的巨型生物。弗朗索瓦向我们讲述他同抹香鲸在一起时的惊人历险，给我们展现了一个新的世界。一个永远惊人、丰富和复杂的世界，这里的每一天都更加有趣。弗朗索瓦的世界充满了魅惑；这是新盟约的世界，人在尊重另一种生物的不同的基础上，可以静静地来到它的面前。弗朗索瓦是一位先驱者。在最为惊人、最不受人喜爱、最笨重或者最微不足道的生物的领地内和它们相遇，他向我们指出了一条由猿到人的路。

斯特凡纳·迪朗（Stéphane Durand）

# 序

重要的不是我们现在的样子，也不是我们尽力想要成为的模样，而是我们发现他者天赋的能力。我们只是勉强分辨出周遭的一切，我们极少为加深对周围的了解去探知、去思考。我们如此迟钝，不懂得享受生活中的偶然与邂逅。然而，其实我们可以在不显眼的事物里找到意义，可以在他人身上发现我们在自己身上所寻求的，并且借此让存在的别样魔法与光彩向我们的灵魂敞开。

弗朗索瓦·萨拉诺属于那种非常少见的人，他持续关注他者，不论对方是谁——从小溪中的北螈到大洋中最为怪异的生物，他都以一种同样的兴趣和严谨的态度去观察和描绘它们。他不知疲倦地向我们传递激发他这么做的力量，并且邀请我们跟着他的突发奇想和看待世界的眼光踏上精神之旅。他不断拓展自己的知识边界，收获种种惊叹的体验。

从最近到最遥远的海岸，海洋是他的偏爱之地，他与座头鲸、抹香鲸和大白鲨相伴，静静遨游。对他而言，和这些穿梭、跃起、划破海洋表面的生物在一起是无比喜悦之事。毫无疑问，当他沉入海中、与它们为伴时他能感受到最深刻的宁静。

雅克·贝汉（Jacque Perrin）

# 引　言

✽

## 抹香鲸埃利奥

2015 年 5 月，毛里求斯岛（île Maurice）附近海域。

午时。我们的船同无限宁静的大海融为一体。海浪有规律地托起我们，整个印度洋仿佛在深呼吸。勒内·厄泽（René Heuzey）身背氧气瓶，坐在船尾的平台上检查他的水下相机的密封性。我就在他身边，双脚穿着橡皮蹼套，两条腿浸在水里，眼睛注视着海面，寻找抹香鲸的迹象：一口吹气、一道涟漪、一处波浪的变形都是它们存在的证据。但是一道道阳光射到海面上引起的反光让我们眼花缭乱，那些穿过镜面的光线则照向海中。我们潜入海中，跟着这束光向深处去。此间的蓝色如此浑厚，吞没了光线。我们的橡皮蹼套之下，数千米的深度令人晕眩，是极致的昏暗，是未知。

*

## 抹香鲸世界的边缘

从深海特有的清冷寂静中传来几声清脆且有节奏的格格声："咔嚓……咔嚓……咔嚓……"是抹香鲸。它们在海渊所铸就的永恒之夜中捕食。它们在自己的地盘里，从没有人能在那里游泳。对于它们在深渊中的生活，我们所知道的仅有这些有节奏的声音，激发着我们对于各种传说的想象：约拿（Jonas）、莫比·迪克（Moby Dick）、亚哈船长（Achab），地球上最强有力的食肉动物同另一种深海巨兽巨型枪乌贼展开的宏伟战斗。

这是些怎样的巨兽？它们在高于大气压强百倍之地出没，而这样的压力会把我们（人类）挤碎。这是些怎样的生物？它们的感官能感知我们所不能。这是一个怎样的世界？让我们难以想象，是我们的词汇所无力描述的。

我们身穿潜水服，装备得如同宇航员一般，在莫比·迪克后代领地的边缘游览了几分钟。

我们在十米水深之处一动不动，漂浮在浓稠的液体里，准备花上一个小时，静静等待抹香鲸浮上水面，回到我们世界的边上……因为征服了鱼界的它呼吸起来和鱼类不同。和一切拥有肺的哺乳动物一样，抹香鲸要回到露天的空气中呼吸。这种绝妙的限制继承自它们遥远的陆上先祖，它们在恐龙灭绝后不久回到了海洋。

✽

## 埃利奥的邀请

我们被千篇一律、深不可测的蔚蓝包围着，眼睛什么都分辨不清。唯有一种感觉把我们同现实联系起来：听觉。听觉代替了其他所有感觉，我们把所有注意力都集中于此。我们的大脑因为撞击的噪音兴奋、陶醉，变得敏锐起来。

在这遥远的乐章中出现了一阵持续的噼啪声。这很可能是一条留在海面的年轻抹香鲸。我看不到它，因为水不够清澈，但是它知道我的定位。它收到了自己发出的咯哒声碰到我的身体所产生的回音，就好像有一面悬崖对向它发问的山里人作出回应，把山里人喊出的“哈喽，哈喽，喽，噢——”又送了回去。它循着这阵回声的方向朝我游过来，但它看不见我。

“咔嚓——咔嚓——咔嚓”的声音越来越近。

终于，我辨识出它巨大的头，像球一样凸起，暗沉沉的。它在靠近。它的头部很快大了起来，这速度简直太快了。咔嚓声的节奏在加速，我的胸腔处仿佛被一挺冲锋枪重重地扫射到。这是一条年轻的抹香鲸，长 8 米，

要理解抹香鲸，就要沉浸于它们的世界。

有 5 吨重……它离我不到 10 米。它笔直地继续向前游。我没有时间闪开。撞击是不可避免的。

巨大的头到了我的上方。

惊喜。没有暴力的撞击。全然相反，有一阵温和而强有力的推力……就好像有一只巨大的猫来推推我的头，求抚摸……

我不知道如何回应。出于对它野性独立的尊重，我拒绝接触它。我拒绝触摸它，（因为）这意味着驯服、奴役。我不知所措地逃走了。

但是年轻的抹香鲸又过来，再一次轻轻地掀翻了我……它要求接触。这就不由我来决定了，是它，是未经驯服的动物掌握了主动。我作出让步，加入了它的游戏。它翻了个身，背朝下游了起来，肚皮对着海面。我模仿它游起来。它靠近我，要接触我。它的眼睛极小，就像狭窄的纽扣孔中露出来的一颗黑珍珠，两边的眼角处勉强看得见代表眼眶的褶皱。但它目光如炬。它这是在衡量我的游泳能力吗？

我对挑战作出了响应。

轮到我了，一个翻滚。它毫不犹豫地模仿我来了一个原地旋转。我假装要潜入水中，它也潜入水里。我重新立起来，它也立起来……接下去我们各自轮流起舞，令人难以置信。

一种巨大的、前所未有的幸福感油然而生，这种幸福没有计较，很强烈，又纯净而原生态。这种平和的感觉让人以为与世界相通。这种幸福如此强烈，没法自己藏着掖着，必须要同自己喜爱的人们分享……而那一天我爱全世界！

此番难以估量的幸福，是埃利奥给予我的。

这是一条年轻的雄性抹香鲸，我从 2013 年 9 月就与它相识，当时它还是一个婴儿呢，那时的它就已经来掀翻我、找我玩耍。我毫不费力地认出它来，它的尾鳍处有抓伤的疤痕。一如我能轻易地认出它的一众玩伴：阿蒂尔（Arthur）、罗密欧（Roméo）、阿加莎（Agatha），还有 50 多条其他抹香鲸，好几年以来我和朋友勒内·厄泽一直在研究它们。

✽

## 驯服我吧！

我们研究莫比·迪克的后代们，想要理解它们的生活，它们的交流，它们的社会关系。我们侧耳聆听，想要知道同这些野生动物相遇能给我们，人类，带来什么。因为当一个未经驯服、独立的动物的眼光落在您身上，对您表示出兴趣时，您永远会受到触动。

在激动之余，这样的邂逅提出了诸多问题：在水下接近抹香鲸能带来什么样的新可能？可以像人种学家研究他们浸淫其中的人类社会那样去研究抹香鲸的社会吗?

抹香鲸接触人类是为了得到什么?它是作为探险者来发现相异性(altérité)的吗?它是在寻找创新吗?假如有所创新,创新会被传递吗?有没有初始意义上的文化?埃利奥能像我记得它一样记得我吗?假如可以,这对我们之间的关系有怎样的影响?我们可以把埃利奥看作野性状态的代表吗?与人类的相遇会不会让这种野性的状态发生变化?有没有可能和谐地共存,并且不异化认同?狐狸对小王子说的那句"驯服我吧"是否可能?这么做合适吗?

鲸的回归能催生人类与野生动物的新盟约吗?

我们从抹香鲸身上能学到什么?它们的生活?海洋?还是我们自身?

这是本书想要探究的种种问题。

# 第 1 章　海洋里的君主

*

## 巨兽

我们不与抹香鲸生活于同一尺度。当人第一次在水下面对它时，没法理解……如何才能描绘一头我们从未见过的庞然大物呢?

首先听到的是一阵金属般有规律的咯嗒声，就好像有一位铁匠每隔四五秒钟敲击一次铁砧。随后仿佛是从水里诞生了一个平行六面球体，一种不明形状的东西，因其形状怪诞、带有一道道淡淡的网状抓痕。叫人以为是抹香鲸的头部……不尽其然。这不过是嘴和鼻之间的部分。这种巨大的畸形在动物界是独一份的，单是这样一个头就挡住了这种动物的身体。一如西拉诺（Cyrano）的鼻子那样主要的畸形，额隆（melon）又或称作鲸蜡器的部分让抹香鲸成为我们星球上独一无二的生物。鲸蜡器是抹香鲸的器官。它能发出咔嚓声并且进行扩音，让这种动物探知周遭环境和进行交流。是它发出穿透我的金属般咯嗒声。

巨怪在变大。它并不改变方向，直直向我而来。

它在距离不到一米的地方游过。我想自己看见了一只鼓起的眼睛。

庞大的身躯遮住了光线，没完没了地游着。就像一只蚂蚁看不见它冒险爬上的人的身体那样，抹香鲸那么大，我没法“理解”它。我面对的是一堵高墙，皱巴巴的像一张象皮，我能感觉得到这下面的肌肉在跳动。这是一块遍布伤痕与裂口的肌体，这块活生生的物质上面带有浅褐色和黑色斑点，这些色斑顺着散开的鳞片分布……时间一秒钟一秒钟地过去，庞然大物游走了。最后，个头像机翼那么大的尾鳍轻轻地擦过我，把我抬起来，送向远处。直到这时我才得以用眼睛看到海洋君主的身躯：长 20 米，重 50 吨。

这是成年雄性抹香鲸能长到的巨大尺寸。然而那些雌性很少超过 12 米和 15 吨，抱歉才这么点儿大！

*

## 深海憋气之王

然而，这样令人勉强能设想的数据完全无法描述抹香鲸所能实现的战绩。它，一个哺乳动物，能够不呼吸、在水下待上一个半小时，在超过两千米的深度捕食枪乌贼。在那深渊里，它要承受的压力是大气压的两百倍还多。我们人类只有六艘探险潜艇能够抵御这样的压力……

它是怎样做到那么长时间不呼吸的呢？能够把一只篮球压缩成高尔夫球大小的压力，它是怎么抗住的呢？

柔韧性。

它的肺部被保护在一个非常柔韧的胸腔之中，能够弯曲但是不会断裂。这个肺部被包围在一个错综复杂的血液系统中——这是一个“令人赞叹的系统”——用不可缩减的血液流量来抵消充满空气的肺泡缩小的体积。

每次到海面上进行呼吸的时候，憋气之王更新其肺容量的90％，这个数字在陆上哺乳动物那里是15％。它比任何其他物种能储存的氧气都多，因为和人类相比，其血液容量达到了三倍之多，而且它的红细胞更大，数量是人类红细胞的两倍之多。至于抹香鲸的肌肉，其肌红蛋白含量是其他哺乳动物肌肉中肌红蛋白数量的十倍——要知道肌红蛋白也能固定住氧气。它们尤其能够在没有氧气的厌氧状态下活动，而不会因为乳酸的积累而动弹不得，乳酸是肌肉收缩所产生的有毒废料。通过海面上的几次深呼吸，抹香鲸得以更新足量的氧气来通过氧化排除乳酸。[1]

✽

## 陆地遗产

如此的适应性是惊人的，因为抹香鲸的祖先是一种四足陆地动物，而且只有一条狗的大小。这些小型陆上哺乳动物又回到了海里，此乃奇事一桩。

巴基斯坦古鲸（Pakicetus），鲸类的陆上祖先，在浅水域捕食并且生活在岸边（艺术家根据骨架还原了该场景）。

那是大约距今5500万年的时候。当时的地球因一次大规模的气候变暖而发生了翻天覆地的变化。海平面上升后的海水淹没了陆地边缘最低洼之处。干燥的地区变成了无法居住的沙漠。热浪促使动物们迁徙到潮湿凉爽的地区。在这些动物中，就有巴基斯坦古鲸。其侧影貌似一头狼，脚上很可能有五个小脚趾。它在水中捕食，但是生活在岸上。几百万年之后，另一种食肉哺乳动物游走鲸（*Ambulocetus*），脚掌上有蹼，来到了浅水区生活。3 700万年前，游走鲸的后代——后肢退化的矛齿鲸（*Durodon*）和龙王鲸（*Basilosaurus*）向深海进发……海水托起了它们梭形的身躯，其体态变得巨大。鲸类诞生了。其品种各有不同。一种是须鲸亚目：所有的须鲸，其上颌里有长长的角质须用来过滤海水；另一种是长有牙齿的齿鲸：海豚、逆戟鲸和抹香鲸……大部分的鲸类尚有退化的骨盆，那是它们的先祖们还在陆地上跑时留下的遗物。抹香鲸甚至保留了骨骼——股骨和胫骨，还有一条藏匿于身体之中的退化了的后腿。在万分之一的情况下，其退化的下肢露在身体外面。[2]

1 200万年以前，梅氏利维坦鲸（*Leviathan melvillei*）——已知最大的抹香鲸化石——主宰着远海。它身长18米，约重40吨，其巨大的牙齿长达36厘米，现今大抹香鲸的牙齿很少能达到25厘米长。[3]

然而，让抹香鲸得以成为海洋主人的却不是它的巨齿，海里的环境危机重重，它都无法在其中呼吸。海水深不可测，捕食者无处不在，更糟的是，它无法在此使用其祖先所擅长的感官：视觉和嗅觉！鲸类不仅没了其祖先所拥有的嗅觉，[4] 连它们显然难以用上的味觉也减弱了，甚至在一系列遗传突变之后仅限于（分辨）咸味。[5]

至于视觉，海洋的环境本身限制了视觉的使用。的确，在最为清澈的海面之下，即使是大晴天，还没有大雾天的陆地上看得清楚。因此，海洋哺乳动物的视觉并不重要。与之相反的是，水比空气传播震动的效果要好4.5倍，这是让抹香鲸和所有海洋动物受益的优势所在。听觉成了主要的感官知觉，以至于在抹香鲸巨大的大脑中，负责听觉的区域比负责视觉的区域要大了5倍，听觉代替视觉而变得十分发达。[6]

*

## 用耳朵看

听觉是抹香鲸的主要感官。但是个体之间的关系几乎完全依靠声音交流而不是嗅觉——要知道抹香鲸在水下并不呼吸，这一点并不能解释它如何在海渊的深夜中看得到，又如何在巨大的海域中捕猎。

答案很简单：抹香鲸的祖先将声波的使用发展到了完美的境界，可以通过回声定位来获得周遭环境的信息，这种感知基于对回声的分析，这有点像声波定位仪。许多动物，比如蝙蝠、海豚，甚至是听觉灵敏的人类都能做到这一点，有些盲人借此给自己导航。在抹香鲸身上，这种收发系统极致完美，以至于改变了整个头部的结构。

左鼻道——或喷气孔——用来呼吸，位于头的前部，在口鼻部的一端，而颅骨被有名的鲸蜡器挤压到了后方。

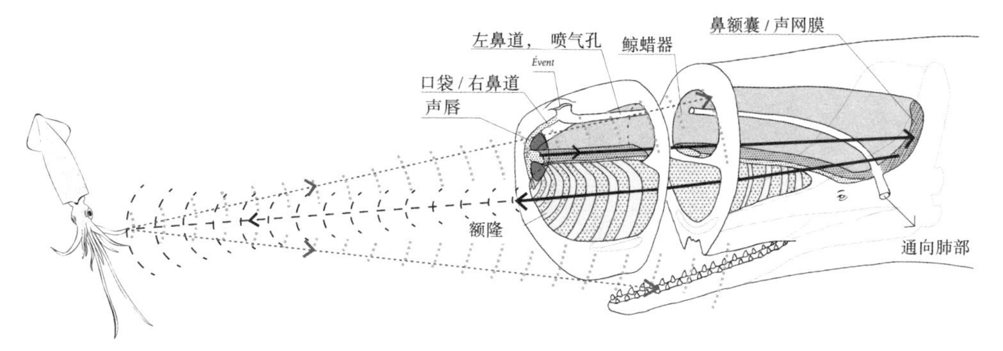


抹香鲸头部解剖及回声定位法(该示意图参照马蒂亚斯·马塞,《鲸类解剖及生理学要素:水中生活的适应性》,2016 年)。

鲸蜡器由多个结缔透镜组成，里面充满了蜡一般的物质，贴着颅骨还有一层空气透镜。

右鼻道和整个鼻道不用作呼吸，而是有一块肌肉阀门作为气门嘴，称作“声唇”。这个鼻道收缩时，空气通过声唇，发出一点声响。呼吸系统和发声系统各自独立，抹香鲸可以一边呼吸，一边发声，通过分析博物学家瓦妮沙·米尼翁（Vanessa Mignon）所拍摄的视频我们可以证实这一点。

这声响首先穿过位于鲸蜡器上部的一系列蜡质透镜，在额部空气透镜上反弹回来，好似遇见一面镜子那样，随后朝着另一个方向穿过下部的蜡质透镜，这里又叫“小脑油舱”（junk）。

声音在鲸蜡器中汇集、扩大，以至于在出额隆的时候，抹香鲸的咔嚓声像是爆炸一般，这可不是动物界最为强有力的声音嘛。这种声音可以具有很强的指示性，在水中扩散开来，直到遇上障碍物。通过分析反射回来的声波，抹香鲸可以定位障碍物。不过，抹香鲸的回声定位系统还是一项假设：因为科学家们只能依据死去的动物解剖试验的基础，[7] 推测抹香鲸用其下颌骨来接收咔嚓声的回音，下颌骨和内耳相连。另一种假设是，接收声音的器官是一种富含接收器（静纤毛）和神经纤维的组织，就在鼻额部的空气囊里面。[8]

分析回声的大脑区域一般用作视觉，但是更多时候用来分析声音。回声分析有两步：在通过第一批慢声（两次咔嚓声的间隔超过 0.5 秒）定位障碍物后，抹香鲸发出新一波更加快的咔嚓声（间隔不足 0.5 秒），其回音能更准确地描绘障碍物的形状和材质，甚至假如是生物体，能知道其内部结构。可以获得像超声检查一样精度的全息影像。大脑的分析很可能增强了感知的质量——就好像我们看见眼睛勉强看见的东西，因为敏锐的大脑将其注意力集中起来，并且排除眼睛所提供的初步影像。

*

## 抹香鲸的客观世界

一幅声音的全息摄影……这种对世界的感知和我们所感知到的不同，是我们很难获得的。同样，在我们望去空空如也的地方，狗能察觉到一堆气味，就好像云朵一般显而易见，抹香鲸用自己的耳朵去看，它能看到我们用眼睛所看不到的东西。必须记住，我们的感官只能让我们察觉周遭世界的一小部分。这一部分的现实就是我们的客观世界，德国生物学家兼哲学家雅各布·冯·于克斯屈尔（Jacob von Uexküll）于 1934 年如此定义。客观世界是我们发展出来的感官所感知到的环境。由此，先天盲人和聋哑人所处的客观世界不同，和五官功能俱全的人所处的环境也不同。

我们的客观世界和其他生物的客观世界毫不相干，它们有我们所没有的感官功能。比如，鲨鱼对电磁场非常敏感。它能感知到的现实是我们闻所未闻的。它能读取大洋深处的磁场变化，并且很容易就找到方向，一如我们手持一幅地形图一样。

同样地，要理解抹香鲸，要进入它的世界，它的客观世界，首先要忘记自我，转换参照，忘记我们的参考标准，忘记我们感知环境的方式。需要问自己这样的问题："抹香鲸对周遭世界能有怎样的感知?"这个问题甚至是："抹香鲸用哪种感官去感知世界?"的确，有些人类学家强调说有多少个体就有多少客观世界，因为每个个体都通过自己对环境的行为来构建自己的客观世界。[9]

✽

## 每顿都吃乌贼，如果可能的话吃巨型枪乌贼

在海渊之夜中，抹香鲸能像在大白天一样感知。这样的夜里充斥着乌贼，乌贼是深渊之王最喜爱的猎物，它每天要吃重达自己体重3%的食物。因为就像所有的哺乳动物一样，它为了把自己的体温维持在一个恒温的水平，要消耗大量的能量。一条15吨重的雌性成年抹香鲸一天能吞下约450千克的头足类动物……

1998年塔斯马尼亚岛（Tasmanie）岸边搁浅的36条

抹香鲸胃里内容分析显示有101 883个海洋头足纲的嘴：48种乌贼和两种鱿鱼，其体形从几克到一百多千克不等。[10] 抹香鲸有多种方式来满足自己的饱腹之欲：要么屡次下潜，好捉住几百头半公斤重的帆乌贼（*Histioteuthis*），或者是几千头100克左右的小小的手乌贼（*Chiroteuthis*），要么向大乌贼（*Architeuthis*）发动攻击，即超过250千克的巨型枪乌贼。

这可不是一回事。

从来没有人亲眼见过抹香鲸遇上巨型枪乌贼，后者的体长可达5米，两条用来捕猎的触手长达10米，触手的顶端有长1米的托盘，托盘上遍布吸盘，吸盘上带倒刺。但是小说家、书籍和纪录片所津津乐道的传说是在两种巨型生物之间的史诗级别的殊死搏斗。在有些叙述中，有时甚至是潜伏的乌贼给鲸类动物来了一个措手不及。乌贼的十个触手缠绕住鲸，试图让它窒息。茶托一般大的吸盘嵌进肉里。抹香鲸用牙齿撕咬进攻者，试图歼灭它，用尽全力游起来，好让自己不被乌贼拖入深渊……然而，假如能找到吸盘在抹香鲸鼻尖留下的大大的圆形疤痕，就可以发现战斗是另一副模样。一只巨型枪乌贼在水中潜伏着，在700米深的地方，它大大的双眼在深渊之夜中搜寻，注意观察着哪怕是一条鱼或者另一种乌贼所发出的微弱光芒。抹香鲸呢，它则不需要去看，它通过回声定位就发现了这个软体动物。它向着猎

从未有人亲眼见过抹香鲸和巨型枪乌贼相遇的情况。许多作家想象出一场巨人大战，比较有可能的是乌贼能进行的唯一战斗就是不要被一口吞下！（艺术家视角）

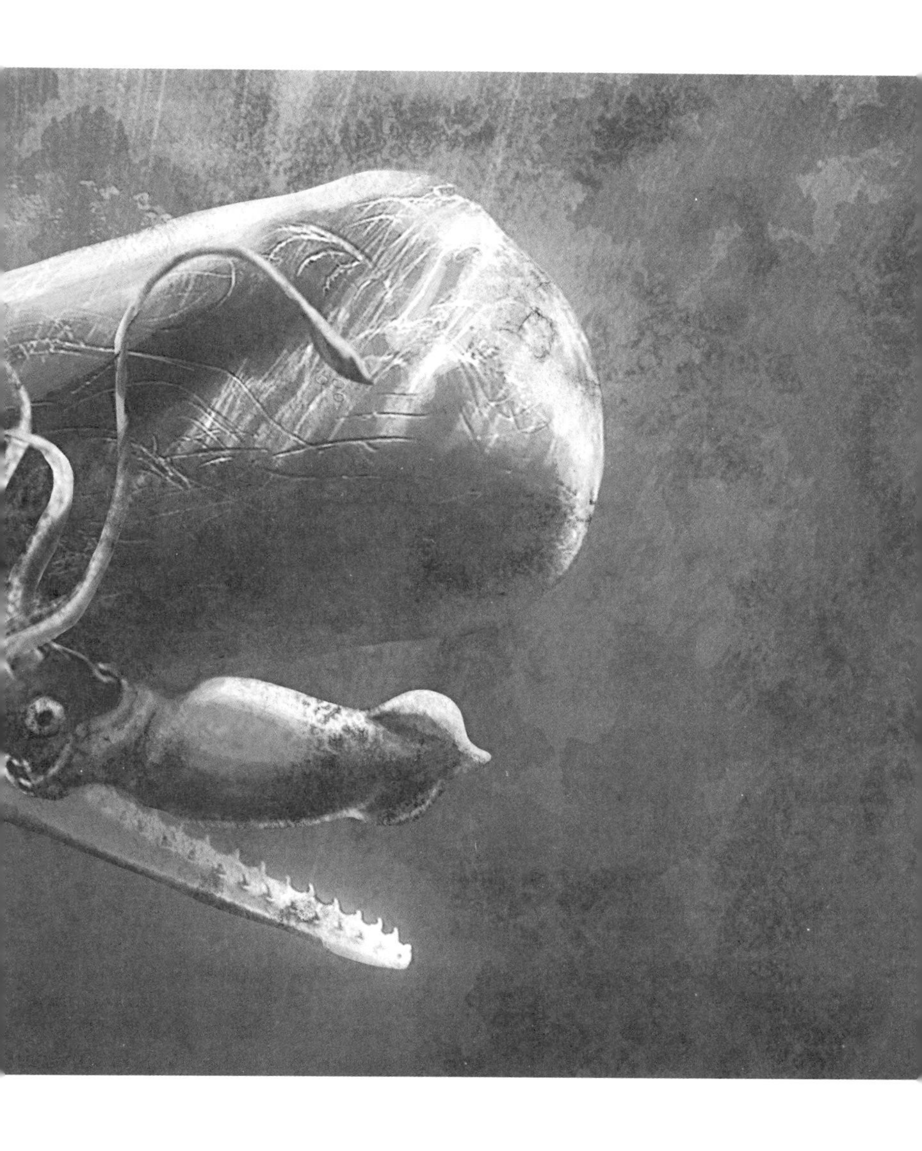

物冲去，逃不掉的。巨型枪乌贼的肌肉并不发达，不是什么游泳好手。抹香鲸咬住了它柔软的肉。乌贼逃不了，也无法挣扎。它别无他选，只能绝望地缠住想要一口吞下它的抹香鲸的头部……吸盘的痕迹代表的只是在最后被吞噬之前的垂死挣扎。

洪堡乌贼（美洲大赤鱿，*Dosidicus gigas*）个头小一些，又称为“红魔鬼”（red devil）或“巨型乌贼”（*jumbo squid*），身长 2 米，体重可达 45 千克。它们速度很快，强悍有力，具有攻击性。然而它们却是经常出没于南美洲海岸洪堡海流中的抹香鲸几乎专有的食物。[11]

然而，在世界上的某些地区，抹香鲸表现得相当机会主义，享用鱼、鳐鱼和鲨鱼大餐。经常在高纬度出没的大型雄性，在 50°纬度以外的地方食物更为多样化，它们吃下的鱼比留在温带和热带的雌性抹香鲸要多得多。[12]

与之相反的是，我们在毛里求斯岛海域研究的成年雌性和未成年抹香鲸满足于觅食大量中型乌贼：我们在它们的粪便中找到的乌贼嘴还不到 2 厘米，这可能是些不到 1 千克的头足纲动物。

✽

## 游向深渊

在毛里求斯岛，初步分析白鲸计划[13] 所布置的测深信标给出的数据显示，成年雌性抹香鲸 24 小时内深潜 15 至 20 次。白天和黑夜下潜的次数基本相当：因为无论是几点钟，深海总是夜的状态。白天的时候，她下潜到 1 100 米深的地方，那里是乌贼活动的区域。她垂直下潜，速度可达每分钟 60 米。她需要花一刻钟到达狩猎区域。在那里，她水平地搜寻起来，搜索范围达到两公里，随后以每分钟 75 米的速度上浮。她平均憋气的时间总共可以达到 50 分钟，在海面上换气十多分钟，随后继续捕猎。她在黄昏和夜间的潜水深度要浅一些，因为乌贼自己也要上浮到 600 米深的区域觅食。[14]

抹香鲸的狩猎区取决于它的胃口……其迁移的范围则视其搜索的海域食物丰盛程度而定。

因此，根据乌贼的密度，抹香鲸可以从一个区域到另一个区域，让其食物储备最大化。它们擅长跋涉：即使是那些移动较少的年幼的抹香鲸和雌性抹香鲸，每天都要游上十几公里。一年下来，它们狩猎的区域可以达到好几百公里，但它们总是留在温带或者热带。只有大型雄性在极地水域出没。

在智利海岸和加拉帕戈斯群岛（Galápagos）海域巡游的抹香鲸群每天移动的范围在 25 公里（假如乌贼的数量相当多）到 70 公里（如果数量较少）之间。[15] 在毛里求斯岛西海岸，一头成年雌性每天可以游上 40 多公里，这似乎意味着该处的乌贼很多。抹香鲸不需要换地方就能填饱肚子。

成年抹香鲸每天总共花在狩猎上的时间约有 16 小时。在其余的 8 小时里，它以每小时 4 000 米的均速同自己的家人在一起，或者玩耍，或者睡觉。

多亏了这些独有的能力，抹香鲸能充分利用海洋的空间，这就胜过了那些没法在海里自由巡游的鱼儿。有些鱼类确实能够在白天垂直下潜几百米，但是没有哪种鱼可以每天下潜十几次到几千米深的地方。

只有海象和喙鲸（baleine à bec）能和鲸目动物相媲美，它们也能每天多次下潜到海洋深处。但是海象必须回到陆地上繁殖，它们从来没有让人类惊讶过，人类抓捕海象，海象也不是传奇动物。至于喙鲸，它们相当低调，以至于人们很晚才发现它们的存在。某些种类甚至从没有人见到过活体。科学家们要到 2010 年才第一次见到铲齿中喙鲸（*Mesoplodon traversii*）的尸体。而这些鲸生活在小群体中，从没有组成抹香鲸那样令人印象深刻的可观群体。

*

## 海洋里的君主

在鱼类的世界里，我们的热血表兄抹香鲸是王者，抹香鲸群数不胜数。在捕猎活动还没有造成抹香鲸大量死亡之前，抹香鲸的数量超过一百万头。见过抹香鲸群的水手们为这些巨大的部落所震惊，一个群体里就有几百头鲸，可以绵延至数十公里。[16]

抹香鲸群中有一些巨型抹香鲸，它们的岁数尤其大。要知道抹香鲸的另一个特点是长寿。尽管要知道野生动物的寿命总是一件难事——因为人们很少见证它们出生，而且在它们自由生活的过程中无法追踪它们，尤其是在广袤的海洋之中——科学家们基于身体大小、体重和牙齿上覆盖的牙本质来作出推测。这些推测告诉我们抹香鲸就像大象一样，能活到很老：80 岁，100 岁，甚至像其他鲸目动物研究所提出的，比百岁更久。北极鲸（又名弓头鲸，*Balaena mysticetus*）因此可能超过百岁。[17]

但要验证这些假设，就得等到一百多年后再看那些我们知道出生日期的抹香鲸，阿蒂尔、阿加莎、托图小姐（Miss Tautou）、埃利奥和其他鲸（多年来我们持续地追踪它们），等它们到了暮年的时候吧。

在等待期间，关于人类遇见的这些古老巨兽的罕见信息散落在文字记录中，这些记录可以追溯到抹香鲸是海洋中无敌君主的时代。

# 第2章　屠杀诸神

✽

## 害怕与神圣

> 我告诉你们，在靠近挪威海岸的地方能看见各种各样的怪兽，它们住在深不可测的海里［……］身长可以达到200肘的抹香鲸生性残忍。它习惯突然出水，让船只失事。它升得比帆还高，通过头部的气管吹气，把自己吞下的水一股脑儿都射向船只，淹没全体船员。

荷兰渔民的儿子阿德里安·克嫩（Adrien Coenen）因此在他的《鲸之书》（*Livre des baleines*）中概括了海洋以及其中的生物，让16世纪末的欧洲人闻风丧胆。[1]

1577年，阿德里安·克嫩细细描绘了在北海岸边搁浅的抹香鲸。他测量过的最大的一条长68法尺（22.5

米）。对这些巨大骨架的描述强化了人们对于炼狱般海洋的恐惧，那里是死亡的国度，里面只有怪兽。此外，利维坦（上帝在第五天创造的极恶，也是腓尼基人描述的初始混沌中的怪兽）也和抹香鲸混为一谈。

圣经与古兰经中的先知约拿（Jonas）违抗上帝，逃到了海上，他被水手们从船上扔进海里，以平息神为了惩罚他们所掀起的暴风雨。他被一头“带牙齿的鲸”（baleine à dents）吞了下去，在鱼肚子里待了三天，随后才回到人类的世界里。

我们的文字、回忆、传说能追溯到多远，抹香鲸就在那里。

考古学者塞尔日·卡桑（Serge Cassen）和他的团队发现，在超过六千年前的中石器时代末，住在布列塔尼（Bretagne）和加利斯（Galice）的人类在巨石建筑上刻下了抹香鲸的样子。这些在大西洋岸边交换珍珠和耳环的人，在海上见过抹香鲸，近距离见过搁浅的抹香鲸尸体。这些动物的大小、吹出的气、它们巨大的方形的头部、大大的尾鳍以及它们朝着天空传奇般地纵身一跃让他们着迷，让他们惊奇的还有搁浅的雄性“暴露在外”的生殖器。

这些猎人关注死亡，开始进行新石器革命，他们在位于莫比尔昂湾（golfe du Morbihan）中心的加夫里尼斯（Gavrinis）石冢、加利斯的栋巴特（Dombate）石棚，乃至葡萄牙，都刻下了十多头抹香鲸这种拥有四角形巨大头颅的鲸类动物的形象。

他们为这种所能遇到的最强大的野生动物震撼，或许他们对抹香鲸持有宗教崇拜？或许他们曾想要将这种带有巨型生殖器的动物神化？毕竟这种动物能从地狱般的海洋跃入空中，它喷出的水柱能在光的作用下形成彩虹。[2] 在地球的另一端，千年之前的波利尼西亚水手们在太平洋上航行，寻找新的陆地，他们也震惊于这种大型鲸目动物。根据传说，著名航海家库普（Kupe）发现了奥拉提亚罗瓦（Aotearoa），即新西兰，他登陆的地方就是“抹香鲸聚集之处”（Te Terenga Parāoa）旺阿雷港（baie de Whangārei）。雕刻或画出来的抹香鲸（*parāoa*）是神圣的。它象征首领，领头的那个。它带来财富和充裕。抹香鲸的搁浅被认为是诸神的礼物，意味着一桩神圣的事情即将发生，毛利人从此得到油和食物。人类吃了这种动物，就获得了它的力量，因此也超越了这种动物给他们带来的害怕心理。在抹香鲸的牙齿中所雕刻的珠宝——鲸齿耳环（*rei puta*）——尤为珍贵。即使是在今日，有几个部落依旧声称自己和抹香鲸是亲戚，是海洋之神唐加罗瓦（Tangaroa）的后人。恩盖·塔胡（Ngāi Tahu）部落成员在南岛（île du Sud）东岸的凯库拉地区（Kaikoura）专门观察抹香鲸，这是时代的象征。

✽

## 去神圣化

抹香鲸的神圣化是其体积和力量使然。

直到 18 世纪，不论哪种文明，甚至是对捕鲸人而言，抹香鲸让人或害怕或尊敬，不是狩猎的对象，也没人靠近它们。

将露脊鲸（baleine franche）猎杀到灭绝的第一批巴斯克捕鲸人避开抹香鲸群。最无畏的船长、最勇猛的船员们宁肯调转方向，也不愿冒险让鲸目动物发怒。为了给逃跑打掩护，他们认为把桶扔进大海可以转移这些怪兽的注意力。历史上要等到 1712 年，楠塔基特岛（Nantucket）的船长克里斯托弗·胡塞（Christopher Hussey）第一次敢于同抹香鲸搏斗，并且胜出。

从那天起，人类再不让大型鲸目动物安生。

在新英格兰地区（Nouvelle-Angleterre），18 世纪成了“抹香鲸的世纪”。一头大型雄性抹香鲸可以提供高达 40 桶（6 000 升）的油，其中三分之一是鲸蜡，用来制造珍贵的蜡烛、给工业革命的机器和发动机加润滑油。捕鲸人在这种动物的肠子里发现了龙涎香，这是一种脂肪性凝结物，混合了胆汁分泌物和乌贼嘴部，是香水商人所梦寐以求的香水固着剂，其收购价堪比黄金。

楠塔基特岛的船主们发迹了，这里每天都吸引着新的法国、英国和俄罗斯猎人。1820 年的时候，港口的 72 条船在城市的码头带回了 30 000 桶油。30 年之后，新贝德福德（New Bedford）成了抹香鲸狩猎的首都。249 条船被武装起来，去海上搜寻（猎物），其航行历经数年，足迹遍布全球。[3]

神兽时代不再。启蒙运动时代的理性和新生的工业革命让抹香鲸堕入了商业和人类的世界。它再也不是亡者和生者世界的中间人。行情最好时，抹香鲸的价值用能卖出的油的桶数来计算。

然而，抹香鲸依旧让水手们感到害怕，为了杀死抹香鲸，这些水手要冒的是生命危险。捕鲸船上意外频发，这些船很重，很难操控。许多鱼叉手被这种他们杀害的动物所伤或者因此丢了性命。非理性的现象在海上从不遥远，最疯狂的故事在船上的走道里挥之不去，从一个波浪传递到另一个，从一条船传到另一条。传奇出现了：1820 年 11 月 20 日那一天，一头名为莫比·迪克的巨大抹香鲸让“埃塞克斯号”（Essex）捕鲸船沉没，那是楠塔基特岛最大的巨轮。故事发酵了：莫比·迪克在智利岸边出没，几周之前在加拉帕戈斯群岛附近海域有人见到了它，还有人在阿留申群岛（Aléoutiennes）甚至在大西洋里见到它。它同时无处不在。它和其他大型雄性抹香鲸一起，发起了反抗，报复（人类）屠杀它的族人。

赫尔曼·梅尔维尔（Herman Melville）被这个故事

和某些船长执拗地长途旅行、搜寻抹香鲸的经历迷住了，他于 1851 年写出了惊心动魄的小说《白鲸》。他让抹香鲸最终进入了传奇。小说悲剧性的结尾昭示了一个时代的结束：

> 鱼叉被掷了出去。被击中的鲸鱼向前冲。曳鲸索以火焰般的速度没入海中……它卡住了。亚哈俯身去解索，他解开了曳鲸索。但是那卷飞动的索子缠住了他的脖子，就像土耳其人悄悄勒死受害人那样，他从船上被拖了出去，船上的其他船员则没有发现这一点。不一会儿，曳鲸索末端粗重的索眼从空槽中飞了起来，掀翻了一个桨手，落在海面上，消失在海洋深处。[4]

亚哈船长和莫比·迪克就这样结束了。

*

## 初次没落

抹香鲸就这样消亡了。仅仅在 19 世纪，超过 236 000 头鲸被猎杀。船主们自己都为鲸目动物的消失而担忧，他们必须去越来越远的地方捕鲸，去南部的海域。

遥远的印度洋吸引着捕鲸人。早在 19 世纪初，捕鲸船的航海日志就提到，在马斯克林群岛（Mascareignes）——毛里求斯岛、留尼旺岛（Réunion）和罗德里格斯岛（Rodrigues）——全年都有抹香鲸出没。这些手稿中最古老的故事讲的是英国捕鲸船"金斯敦号"（Kingston）的长途旅行（1800年至1801年）。毛里求斯岛西海岸的路易港（Port-Louis）直到20世纪初都是船只停靠的港湾。对于有些捕鲸人而言，毛里求斯岛是整个印度洋最佳狩猎区域。但是早在19世纪末期，抹香鲸数量就因为过度捕猎而严重下降。[5]

早在1845年，博物学家马塞尔·德·塞尔（Marcel de Serres）就注意到抹香鲸数量的减少。他在《各种动物迁徙的原因》（*Des causes des migrations des divers animaux*）这本出色的著作中这样写道：

> 人类的力量将最大的海洋哺乳动物驱赶到了极地地区，比如鲸和抹香鲸［……］这些动物的生存即使到了冰天雪地的地带还是受到威胁。［……］这些动物只是非常偶然来到拉芒什海峡，去地中海就更少了，而据尤维纳利斯（Juvénal）①所言，抹香鲸在他的时代经常在这些海域出没。

① 尤维纳利斯（拉丁名 *Decimus Iunius Iuvenalis*，55—约127），罗马讽刺诗人。（本书脚注均为译者注，下文不另说明。）

> 它们看起来被赶到了南方的海洋，也就是南部海域和太平洋。[……] 尽管它们的身长可以达到五六十法尺，并且据有些观察者称，直到 80 至 100 法尺 [……]，抹香鲸非常惧怕我们的出现，一旦有船只靠近，它们就飞速逃离，以至于经常很难在它们大量出现的海域里抓住它们。[6]

然而，警觉和速度在一种新武器面前却毫无回天之术，这是挪威人斯文·弗因（Swend Foyn）在 1864 年的发明：带有爆炸头的炮射鱼叉。

幸运的是，就在几年之前，亚伯拉罕·格斯纳（Abraham Gesner）成功地蒸馏出了“煤炭油”。1853 年，这位加拿大化学家兼医生发明了煤油。他可以轻而易举并且大量提供一种高效的燃料用于公共照明。这项发明让鲸目动物稍稍得以喘息。因为动物油的价格开始下跌，从 1856 年的 1 加仑 1.77 美元下降到 1896 年的 40 美分。捕鲸船的数量巨跌。到了 1876 年，只剩下 39 条船。[7]

当时人们以为狩猎开始没落了。

*

## 工业种族屠杀

可更糟糕的事情还在后面。19 世纪史诗般的狩猎之后，20 世纪的战争重新开启了工业杀戮。战争需要油，制造硝化甘油需要用到鲸蜡。德国和俄国的捕鲸船是最有战斗力的……不幸的是，冲突结束并不意味着停止杀戮抹香鲸。相反，战后更加恐怖。[8]

早在 1950 年代开始，这种“被物化的”动物只不过是一种有待利用的资源，就像石油或者煤炭一样……人类卖力地杀戮抹香鲸，1960 年代每年杀掉的抹香鲸达到了 30 000 头。（抹香鲸的）第二次没落从 1970 年代开始：1971 年时（船只）带回的抹香鲸只有 22 407 头。1946 年至 1980 年间被屠杀的抹香鲸超过了 770 000 头，使得该物种濒临灭绝边缘。[9]

然而，19 个主要参与狩猎的国家希望能保存这种财富，它们早在 1946 年就建立了国际鲸类委员会（Commission baleinière internationale，CBI）。其宗旨并不是拯救鲸和抹香鲸，而只是确保它们不消失，以便继续利用它们。这些国家决定建立一个配额制度，限制所捕获的动物数量。所采取的措施完全没有强制性，偷猎者们肆意狂欢。抹香鲸的数量不可避免地在减少。

得要等到 1979 年塞舌尔协议（出台）才禁止在印度洋里狩猎。1981 年至 1982 年的狩猎季中仍有 300 头抹香鲸在南半球被捕杀。1982 年，在环境保护组织和公众意见的压力之下，国际鲸类委员会禁止在全球海洋中对抹香鲸进行工业捕杀。尽管狩猎不再带来利润，捕鲸国在接受时还是显得不情不愿。动物（数量）太少，（位置）太远，尤其是市场行情呈自由落体状下跌。1982 年至 1983 年的狩猎季中，在北太平洋里被猎杀的最后 400 头抹香鲸死于捕鲸工业的鱼叉之下。只有亚速尔群岛（îles Açores）和个别其他顽固分子追杀鲸目动物一直到了 1987 年 11 月。[10] 需得等到 2016 年国际鲸类委员会第 66 届会议，鲸类才不再被认作同捕鱼业构成竞争的食肉动物，相反，它们为“海洋生态系统作出了贡献”。[11] 全世界抹香鲸的数量在狩猎之前有 1 110 000 头，在那时则下降到了不到 350 000 头。[12]

殉道在所有海洋中停止了。一个新的时代开启了。但人类和抹香鲸准备好了和解吗？

*

## 初步研究的时代

1980 年代，当人们（把抹香鲸的境况）总结为杀戮、当专家们为幸存的抹香鲸数量争论不休之时，鲜有科学家对我们这位温血的远方亲戚的行为感兴趣。在他们之中，年轻的研究者哈尔·怀特黑德（Hal Whitehead）登上了一艘小帆船：“郁金香号”（Tulipe）。他出发前往印度洋，随后又去太平洋寻找抹香鲸。哈尔·怀特黑德基于长期、耐心的实地研究，成了最出色的抹香鲸群体专家。但他的研究限于在帆船甲板上的观察和记录。

当时没人能想象在抹香鲸自己的地方，在水下去和它们相遇，更不用说跳入水中去研究它们了。在水中遇上大型鲸目动物依旧是异乎寻常的事件。在那个时代能找到的最有名的海面之下的照片，展示的是一个细小的游泳者面对着巨型抹香鲸具有威胁性的牙齿。这幅图像传遍了报纸的头版，被刊发了十几次……但是传说没有说明这头长着大嘴的抹香鲸已经死了。无论如何，怪兽就应该是令人恐惧的。

这不是我作为生物学家的观点，更不是库斯托（Cousteau）少校团队潜水员的想法。我希望利用“卡吕普索号”（Calypso）探索新西兰（1986 年 12 月至 1987 年 3 月）的机会去接近抹香鲸，因为那里是猎鲸高地。但是新西兰最后的鱼叉手在被我问起如何为旅程做准备时，试图劝阻我：“和抹香鲸一起游泳？别想了，这是些狡诈而危险的动物，在水里和它们在一起的话，它们会杀了您的！”

在“卡吕普索号”上，我们决计在经过南岛（île du Sud）附近海域时试上一试。每天，阿尔贝·法尔科（Albert Falco）、伊夫·帕卡莱（Yves Paccalet）和我费尽眼神去搜寻（抹香鲸）喷出的气……结果一无所获。

最后，1987 年 2 月 10 日，当我们绕过凯库拉角（cap Kaikoura）、朝着库克海峡（détroit de Cook）驶去

时，像蒸汽爆炸一般的吹气让昏暗的大海为之一亮。那些脑袋和背脊看起来就像漂浮的树干。它们有十几头，分成三组。直升机起飞，橡皮艇在浪花里穿梭，见到抹香鲸就足以让我们感到幸福，在水下拍上一段简直是天赐。我们甚至梦想着能够在它们身边待上几秒钟。

在距离这些动物还有 15 米左右的地方，首席潜水员贝特朗·西翁（Bertrand Sion）和我跳入了水中。我们在海面上，被浪花颠簸着，在泡沫中寻找鲸鱼。那是一条大型雄鲸，它突然出现了。它那巨大的脑袋对着我们。它短暂地喷气，完全朝着左前方，把黏液和厚厚的滴状液体洒在我们身上。一个黑色的、皲裂的、惊人的身躯直立起来。拱起的背似乎在游动，每一节脊柱都跟着短短的背鳍在起伏。突然，尾鳍高高地在我头上，在波浪之上，甩向天空，其大小远远超出我（之前）所有的想象，随后在右边消失在了海面上。我把头探到水下，睁大双眼，潜下去追逐这个巨型动物。水深已经 20 米了，50 米。太暗了，巨兽的身影消失了。贝特朗拍到了几秒钟。

我们所有人在船上和库斯托、他的妻子西蒙娜（Simone），还有贝贝尔·法尔科（Bébert Falco）庆祝了这次壮举。这次相遇让伊夫·帕卡莱震惊，他激动地庆祝说："就好像我们做了一个梦。我肯定这是个梦境。抹香鲸是大海的梦。"[13] 这次令人难以忘怀的邂逅在今天看来有点不值一提，而30年后，情况令人庆幸。随着一年年过去，遇上抹香鲸的频率变高了，经常是动物先主动。这些相遇依旧是特殊的时刻。因此，我在一本穿越地中海的旅行日志里写道：

> 1994年8月27日，加莱里亚（Galéria）附近海域。我们远远看见一头抹香鲸。我朝它游过去。水是蓝色的。太阳的光线汇聚在一起，似乎淹没在无穷无尽的深海之中。脚下是1500米深的水。我在这深不可测的地方搜寻着。我听见了它：笃……笃……笃……咔嚓，咔嚓，咔嚓，越来越紧凑，越来越密集。随后什么都没了：空空的静寂的海洋。突然，在咔嚓声重新非常大声地响起时，我感到自己正在被扫描、被观察。它就在那里，在我背后，在15米远的地方。这头孤单的年轻抹香鲸缓缓靠近。它翻了个身，肚皮朝着天。它的咔嚓声越来越密集、越来越响，同时，这个动物似乎在打哈欠。在5米远的地方，它停了下来，转过身去，慢慢地，它离开了。它是不是就满足于做个超声波检查，来测量一下自己面前的这只青蛙？它有没有想要邀请我追随它，去它的深海国度？我再也不会知道了！但我所知道的是，从那一天起我会聆听海洋！[14]……

2006年，在拍摄由雅克·佩兰和雅克·克吕佐导演的影片《海洋》时，剧组在多米尼加海域遇上了一群抹香鲸。一头年轻雄性过来招呼摄像师迪迪埃·努瓦罗（Didier Noirot），它好奇极了，差点吞下了摄像机。几个月之后，摄像师小村康（Yasushi Okomura）讲述了自己同鲸目动物面对面的经历：

> 抹香鲸经常被认为是凶残的鲸目动物。实际上，我所遇见过的抹香鲸生性胆小而敏感。对于下潜到1 000米深处寻找食物的抹香鲸而言，这个深度是世界上最为宁静的，在那里，连逆戟鲸都没法猎食它们。小心翼翼地滑入水中是没用的，抹香鲸一旦感知到我们就会走开。就像人类一样，每头抹香鲸都有自己的个性。有些非常好奇，就像在瓜德罗普（Guadeloupe）水域来看看我的年轻抹香鲸。它靠得那么近，我不得不全力后退，才能把它好好拍下来……不然的话就只能看见它的鼻端……在拍摄它小小的眼睛时，我能明确感到，虽然我不知道它内心深处的想法，但是它不想伤害我。它对我进行扫描、观察，随后满足地走开了。[15]

这部影片让导演和科学家们惊愕，他们本以为这样近的距离是不可能的。

之前我们认为我们的摄像师是杰出的……他们确实是。但我们那时没有明白过来，那些摄像师并不比昔日的潜水员要出色。

不，是抹香鲸改变了对待我们的态度。

# 第 3 章　重生

2014 年 3 月 24 日，毛里求斯岛附近海域。它的颜色非常浅，还很皱，刚刚张开的样子。至多 3 米长。在巨人中间它显得很微小。它的生命长度才几个小时而已。它还不会游泳。它柔软的尾鳍还是卷起来的状态，对它没有任何帮助。它笨拙地从一边滚到另一边。它看起来不知道如何在新的三维世界里辨别方向。它的脐带断了，但它还要在母亲的庇护下过好些年。对于抹香鲸而言，和母亲的联结比什么都重要。

这个纯洁的新生儿对自己不了解的世界毫不畏惧，它笨手笨脚地朝我转过来。它到底看到了什么？与其说是游，不如说它在蹒跚。它的母亲包容这种差距。我屏住了呼吸。我保持低调，无限低调。我不知道如何去接受这份恩赐，也不想打断这个平和的时刻。

一头大抹香鲸深色的影子游了过去。婴儿注意到了，转过身去跟着它，就像一只蝴蝶受到一盏小油灯的吸引那样。它的母亲拦住了它的去路，用自己整个身体挡住了它。它们离开我，去了海里。

我想让时间悬停。我屏住呼吸。

这次邂逅持续了多长时间？几秒钟。

一种永恒的幸福。

*

## 降生于亚速尔群岛

近距离接触过抹香鲸新生儿的潜水员非常稀少。自然主义摄影师库尔特·阿姆斯勒（Kurt Amsler）和弗雷德里克·巴瑟马尤斯（Frédéric Bassemaryousse）两位极其有幸，他们都见证过（抹香鲸）生产。

对于库尔特而言，那是2014年9月8日，在亚速尔群岛：

> 在远处的海面上，一群十几头抹香鲸群慢慢地游着，它们围成一个个圆圈。在水下我只能看见一大团绿色血液（红色在水下看起来是绿色的），呈浑浊的云状。我以为那是一头受伤的动物，被伙伴们救助。海里充满了咔嚓声，就好像所有的抹香鲸一起说话那样。云状散开了。我在20米开外辨认出那是鲸目动物，就在海面之下。它们互相紧靠在一起。

一些肉体的碎片漂浮着……是胎盘！一位母亲分娩了！我分辨出新生的婴儿。它漂浮着，一动不动。另一头成年雌性滑到了新生儿下面。她就像助产士一般轻轻地把它托举到海面上，让它做第一次呼吸。渡过难关的母亲从下方观察着自己的幼崽，它还不会游泳，没有帮助会溺水。另有五头成年雌性在那儿帮助她。

母亲恢复了体力，浮上去背着自己近3米长的幼儿。

时间一分钟一分钟过去，幼崽动起来了。它能短短地游上一程。我甚至能听到它在交流：比其他更为尖锐的咔嚓声——那确实是“孩子”在交头接耳的声音！

生产的消息散了出去。四处都有抹香鲸因此而来。母亲朝着每个靠近的群体游过去，向它们介绍自己的新生儿。

直到现在，鲸目动物们还没有注意到我的存在。但是现在鲸妈妈似乎想要把“这个外人”挑出来。这头长达9米的巨兽静静地，但是明显向我游过来。其他十几头抹香鲸把我围了起来。我被接受了！母亲停下来，允许小婴儿向我游来——令人难以置信！

我在它们中间待了20多分钟。幼崽似乎更加有

力并且自主了。它甚至想要独自朝大海游去！它的妈妈不赞同。她用嘴巴叼住了逃跑的孩子，用无限的温情将它托上了海面……[1]

*

## 降生于地中海

在一次由世界自然基金会法国分会（WWF-France）组织、生物学家德尼·奥迪（Denis Ody）牵头的鲸目动物数量统计考察航行中，弗雷德里克·巴瑟马尤斯在地中海里，在我们国家的西西埃角（cap Sicié）附近海域见到了一个特殊事件。弗雷德里克拍照、摄像，并且在其航海日志中记录道：

2016年9月12日，13点。在双体船上，船员们注意着最微小的吹气。突然，一头抹香鲸气流般冲出水面，跃入空中。它重重地跌了回去，在海面上溅起千朵水花。它不是单独（行动），而是有三个同伴一起。它们一起朝着约一公里外的另一个鲸群游去。我们没法数清这第二个鲸群的抹香鲸个数，但海面澎湃的样子意味着那里相当热闹。我们准备拍摄照片去辨认它们，并且采取活组织检查法用作遗传学分析。

14点15分，我们登上橡皮艇，朝抹香鲸飞速驶去，当时距离双体船只有几米的海面浮出了一条鳁鲸！远处的抹香鲸在海面上的动作超乎寻常的热闹。我们减速靠近，好不打扰到这些动物。我们被（它们的）数量惊到了。留在双体船上的其他观察者示意，还有其他抹香鲸似乎从四处汇聚过来，到这个碰头的地方。

15点20分，抹香鲸群慢慢朝我们游过来。我悄悄下了水，耐心等待。我离这个群体有15米多一点。水里到处都是抹香鲸们互相摩擦产生的肉体碎片。我分辨出八头抹香鲸，之后我发现它们有九头！它们排成一列向我游来。其中一头鲸的颜色特别浅，那是一头成年雌性。我猜测其他鲸也是雌性，（因为）它们的个头相当。其中一头在（其他鲸）下方一点点的地方仰泳。水里满是咔嚓声，这些声音穿透了我。在鲸群中有一头年轻有力的雄性，它呈完美勃起的状态。在离我十几米远的地方，鲸群稍稍转向，朝我左边游去。抹香鲸们非常平静，但它们明显知道我在那里。我没有被敌视，它们也不害怕我。它们只是和我保持相当的距离。

我一动不动地观察。在靠近它们之前，需得受到邀请！要有耐心，要心怀尊重。

15点22分。我不明白为什么，鲸群又开始骚动。水里满是泡沫，抹香鲸们被遮住了。它们的尾巴在空中甩起来，又重重地落下去。当有一条尾鳍就在我面前快速通过时，我意识到了它们令人难以置信的力量。我往后退去。我是这个但丁式场面唯一的关注者，却完全不知道自己看见的是什么！水面一旦变清，我看见其他的抹香鲸出现了。我注意到一头非常苍白的雌鲸。一块发白的胎盘堵在它的生殖裂口处：这是一位母亲！她刚刚生产了！

婴儿降生！所有这些骚动是因为有幼崽诞生了！

新生儿在这个紧密群体的哪里呢？

它从鲸群里脱离出来。尽管它有 3 米长，它在我看来很小，很弱。它的脐带能看得很清楚！它的皮肤皱巴巴的。它的尾鳍叶还是卷起来的状态。它和其他大鲸不同，它的头部狭长，看起来一端是喙。它就是第九位成员，我之前在鲸群里没有见过它。

这场骚动不仅仅是因为生产，而是因为新的抹香鲸们来到这个群体。很快就有 27 头之多，如此可观的数量在地中海可不多见！在水下，咔嚓声、咯哒声、嘎吱声震耳欲聋。我喜欢把这其中的有些表达视作向远方“告知”新生儿降临这一幸福事件。确实，直到夜幕降临，抹香鲸们从四面八方涌来。为了在来向新生儿打招呼的抹香鲸们的兴奋之情之中保护好孩子，一头雄鲸在它左边构成一堵墙，一头雌性——教母？——在它右边护着它。它的母亲在下方仰面游着。幼崽在这个保护套里很安全。它的母亲关怀备至地时不时将它托上水面，方便它呼吸。

我在这些巨兽身边扑腾了已经有一个小时。抹香鲸们的舞蹈没完没了。它们随着咯哒声旋转，向每位前来（祝贺）的鲸大声致意。我尽量不占地方，因为我也别无他法。我惊叹地见证着这场家庭聚会。我自己也想要成为这个家庭的一员，理解它们的语言、回答它们。一头雄鲸应该是感受到了我的想法，它向我凑得很近，善意地观察着我。信任有了。我被接纳了。鲸群慢慢朝我移过来。一堵活的墙出现在我面前。有一小块“砖头”冒出来，靠近我。

我们之间只有几米的距离。

欢迎你，小抹香鲸！

*

## 降生于斯里兰卡

1983年10月21日，斯里兰卡附近海域，抹香鲸研究先驱哈尔·怀特黑德也从他的帆船“郁金香号”的甲板上观察到一次降生：

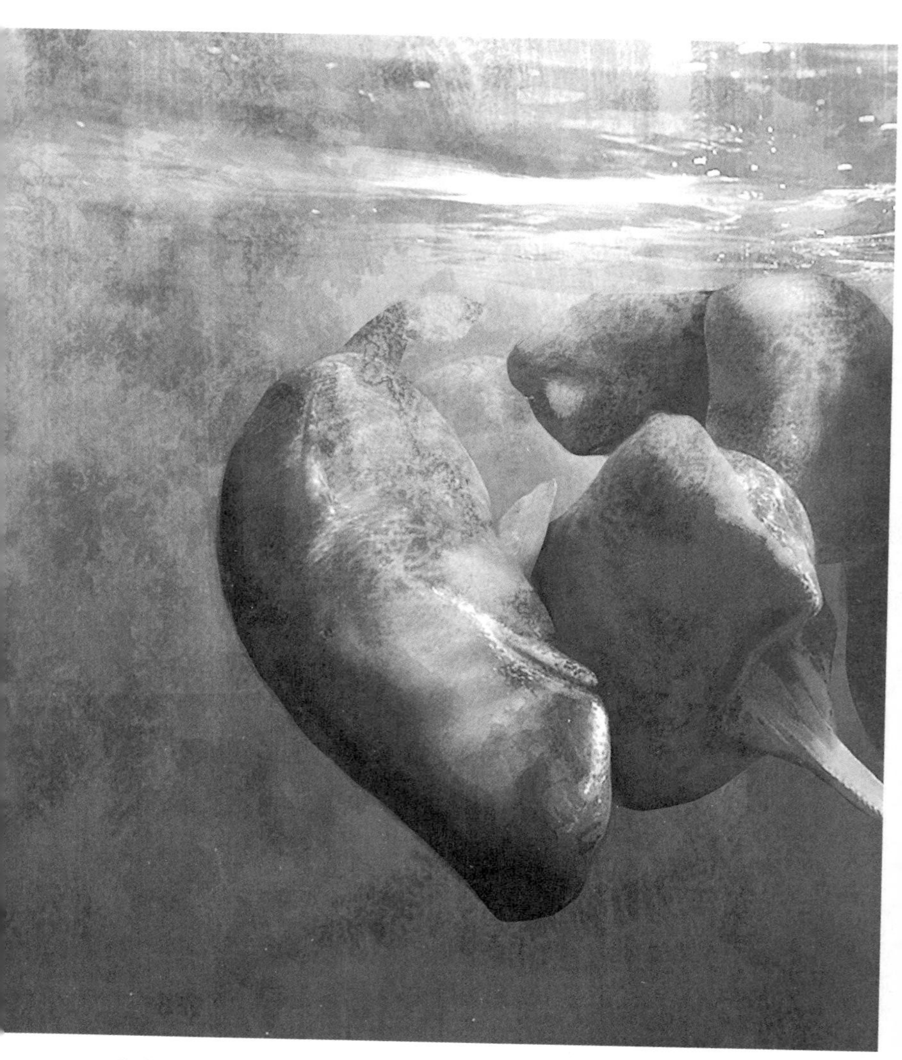

降生地中海：中间的新生儿有三头雌鲸支持，它们来帮助母亲生产（根据弗雷德里克·巴瑟马尤斯的视频制作的插画）。

8点48分，我们在距离帆船25米的地方观察到一头一动不动的单个抹香鲸。唯一的另一可见个体在350米开外。突然，这头抹香鲸弯起身体，同时展露出头部和尾鳍，随后它的腹部扭起来，并重复着这个动作。最后，它侧过来，向我们露出肚皮。令我们大为惊讶的是，从它的生殖裂口里喷出血柱和一团黑乎乎的东西。8点55分，幼崽刚刚出生，就在距离我们的船几链①的地方。新生儿长3至4米，浑身皱巴巴的，漂浮在它母亲的头边上，它妈妈还在喷血。新生儿的背鳍还没有立起来，尾鳍则小得可怜，它笨拙地摇摇晃晃，游得不怎么样。每次呼吸时它的头都伸出水面。到了9点，另一头成年抹香鲸来到这一对鲸身边，来者掀翻了新生儿。另有两头成年抹香鲸加入了它们，它们也推着时不时卡在成年鲸之间的幼崽。幼崽有时在它们背上，完全露出水面。[4]

降生于斯里兰卡、降生于毛里求斯海域、降生于亚速尔群岛……降生于地中海、降生于加勒比海……自从三十多年前狩猎停止以后，抹香鲸们的生活变得平静。科学家们在所有的海洋中持续观察到的幼崽降生预示着

① 链，约合200米。

鲸群幸运地在更新换代。但以什么速度呢？这个族群是否在回归？这可没有那么确定。

*

## 被斩首的社会

的确，在两个世纪的时间里，捕鲸人围猎最大的个体，它们能提供最多的油。捕鲸的节奏如此之快，捕鲸人们没有给年轻的鲸许多时间去变老。尽管国际鲸类委员会在1950年把最小的捕获鲸的长度设置在了11.6米，这个长度本可以放过那些年轻的成年雌性，但屠杀仍旧继续。鱼叉手从船首怎么才能测量出一两米的差异呢？因此所有10米左右的鲸都被杀害了。数据显示，超过50%被猎杀的抹香鲸不到10米长。[5] 那些是10至20岁之间的青年。如此到了1973年，捕鲸人杀完了最大的鲸之后，又被允许猎杀10米长的鲸，在捕获的未成年鲸中就有不到7米长的。

在那个时代，很少有动物自然死亡，几乎没有一头达到展示在博物馆里的那些巨兽骨架接近的合格寿命和相当体积。楠塔基特的博物馆（楠塔基特鲸类博物馆，Nantucket Whaling Museum）展出了一块16法尺长的下颌，那是威廉·卡什（William Cash）船长于1865年提供的，来自一条身长至少24米的抹香鲸。19世纪在印度洋工作的捕鲸船的航海日志提到，捕获的巨型抹香鲸每条都可能提供 80 至 100 桶油，是一头 18 米长的大型成年鲸所能提供的 40 桶油的至少两倍。[6]

18 世纪捕鲸船发现的完好无损的种群里应当有几万头非常老、非常大的抹香鲸。因为就像其他大型鲸、大象或者人类一样，抹香鲸很可能活上一百年。雄性可以一直长到 60 岁，雌性可以长到 40 岁。

要想恢复到这种丰富的程度需要很久的时间。

哈尔·怀特黑德于 2003 年甚至写道："太平洋的情况非常脆弱，因为鲸的数量似乎在 1990 年代继续下降，而且很少观察到新生儿降临。"[7] 2016 年时，国际自然保护联盟（Union internationale pour la conservation de la nature，UICN）[8] 认为该物种依旧处于"易危"状态，① 因此尽管（抹香鲸）受到全力保护仍然有灭绝风险。

*

## 战后重建

我们今天讲述的抹香鲸的故事是"战后的"故事。

---

① 国际自然保护联盟将物种分类为 9 个级别：绝灭（EX，Extinct）、野外绝灭（EW，Extinct in the Wild）、极危（CR，Critically Endangered）、濒危（EN，Endangered）、易危（VU，Vulnerable）、近危（NT，Near Threatened）、无危（LC，Least Concern）、数据缺乏（DD，Data Deficient）和未评估（NE，Not Evaluated）。

受到屠杀、散架的抹香鲸家庭缓慢地在重建。（重建的）时间无法缩减。成年雄性的消亡对于这个种群的更新有很严重的影响，但是雄鲸在社会组织和教育下一代上并不扮演角色。相反，呼吁完全停止猎杀雌鲸的科学家让-保罗·福托姆-古安（Jean-Paul Fortom-Gouin）在1980年指出："杀戮有经验的成年雌性完全摧毁了社会结构，这让年轻的抹香鲸不知所措、感到压力、毫无保护，因为教育下一代的责任是由母系群体承担的。"[9]

严重的并不是大量的个体消失了，而是雌性在消失，她们是社会的支柱，同她们一起消失的是她们的知识和经验，社会生活正是构建在这个基础之上的。

如果说如今我们很难理解抹香鲸族群的社会结构，那是因为这些族群正在重建。30年之前，有经验的大型雌性不在了，没有她们来指导、支持、分享经验。

在海浪的隐秘之处，互相交配的是在大屠杀中幸存下来的年轻抹香鲸。雌性10岁，刚好成熟。雄性15岁，没有像样的竞争对手，他们涌向年轻的雌性，而在完好无损的种群里这么年轻的雄性不会去追求雌性。因为如果说雄性的确在10至15岁之间达到了生理上的性成熟，在老年雄性主宰的社会中，他们一般不会在25至30岁之前繁殖。[10]

历经为期16个月的初次妊娠后，年轻的初产妇产下一头勉强超过3米的新生儿。她要喂奶两年，但是要照顾它更长的时间。如果一切情况相当好的话，她会在 16 岁的年纪产下第二胎——两次生产的间隔可能平均为 5 至 6 年。但也有可能更长，假如我们相信我们在毛里求斯岛所追踪观察的成年雌性的话。的确，她们看起来没有怀孕，还和她们的孩子在一起，这些孩子已经六岁了。随着一年年过去，生产间隔会拉长。一位母亲在一生中将会产下四头，或者至多五头新生儿。她们最后一次生产是近 40 岁的时候。尽管不确定雌性是否像人类或者她们的近亲表兄逆戟鲸一样有真正的绝经期，但还没有超过 41 岁生产的案例。[11] 相反，就像逆戟鲸一样，年纪大的、更有经验的雌性在群体的行为和凝聚力上扮演了举足轻重的角色。

✽

## 遗忘的时光

45 岁，这正是“重生”（一代）的雌性的年纪，她们在完全停止猎杀的时候 10 岁，今天到了这个年纪。这是有经验的智者的年纪。这些雌性如今是曾曾祖母。这是最后经历过猎杀、害怕人类和他们的钢铁船还有炮射鱼叉的雌性。这是最后拥有屠杀和这段鲜血写就的悲剧历史记忆的雌性。就是她们在 1980 年代看到潜水员就逃，我们当年在“卡吕普索号”上没能靠近她们。

如今，遗忘的时光已经过去。

尽管有些母亲教她们的下一代不要信任人类，她们的女儿们从来没有经历过猎杀，这一代鲸在最好的情况下在 1990 年代初次产下她们的新生儿。她们的孙女们在 2000 年代生产，曾孙女们在 2010 年代生产，这些鲸没有教给自己的幼崽去害怕人类。

埃利奥、阿蒂尔、罗密欧、阿加莎生于 2010 年以后，这一代年轻的抹香鲸很好动，我们如今和它们一起潜水，它们是幸存者们的曾孙和孙辈。它们天真地来到潜水员面前。

而这改变了一切。

# 第 4 章　长久以来所隐匿的

✻

## 抹香鲸舍

海面风平浪静，一道波痕都没有。大海空空的，一处气息都没有。大海静静的，一点咔嚓声都没有。我们从来没有在广袤的大海中遇到这么大的困难去寻找抹香鲸。它们离开这个地方了吗？它们前往距离习惯逗留之地 200 公里远的留尼旺岛了吗？它们是不是往北走，一直到了斯里兰卡大岛，那里有时会聚集几千头鲸目动物？[1] 疑虑在船上滋生，就像除了吹气就没有别的方法能定位鲸目动物的捕鲸人的脑子里会去想的那样。我们有性能良好的水听器，可以在数公里之外听到哪怕最小的咔嚓声，（因此）至少可以听到抹香鲸在海渊中捕猎的声音。今天呢，什么都没有。有一次非常小的声波，像一个光晕，消散在远处的太阳里。是一头浮上水面呼吸的海龟吗？我们朝着这个幽灵般的点驶去，一旦看见这个地方，它就消失了。什么都没有。尽管如此，我们下了水，为了问心无愧，为了不后悔。

就这样，在大海的皮肤之下，我们发现了意想不到的场面。

“晕厥”，这个词并不过分。呼吸悬停，我们互相掐了掐，确定自己看到的是真实场景：约有 12 块独石柱悬浮着。抹香鲸在睡觉，它们一头挨着一头，像石柱一样竖立着。这里是卡尔纳克（Carnac），[①] 在海面以下 20 米处。绝对的寂静。

这些动物纹丝不动，使得它们看起来更加像是矿物做的。我们带着敬意进入了抹香鲸舍，就像一个神圣的地方所要求的那样。

我们无声地在巨大的、朝天的脑袋上方驶过。

我在其中一头鲸之上任凭自己下沉。要描绘这个奇怪的球形还是同样困难。

左侧的喷气孔看起来像是一个长着肿胀嘴唇的巨大纽扣眼，空气泡泡时不时地从这里冒出来。我沿着暗沉沉的球状（头部）往下潜，这上面有乌贼的吸盘在肉体上刻下的圆形伤痕。闭上的眼睛不过是有点肿起来的一道褶皱。

---

① 卡尔纳克，位于法国西海岸，独石柱景点。

抹香鲸舍［插图根据勒内·厄泽（René Heuzey）的一段视频和斯特凡娜·格兰左托（Stéphane Granzotto）的一张照片画就］。

我围绕着这座由肉体和肌肉（组成）的纪念碑游了一圈。惊奇的是，睁开的右眼盯着我看。我吵醒这头巨兽了吗？不。对于抹香鲸而言，就像其他鲸目动物一样，自主呼吸迫使这种动物保持某种警惕性，即使是在睡觉的时候。因此，当一个大脑半球睡觉时，总是有另一个大脑半球醒着，所以一只眼睛在睡觉的时候，另一只眼睛在戒备。[2] 然而，抹香鲸似乎有时可以进入一种更加深的睡眠状态，这就像人类一样，涉及了大脑的两个半球。[3]

我没有引起抹香鲸的任何反应。

我继续绕着睡着的抹香鲸游。它的上颌骨长 4 米，有 30 厘米之窄，如果上颌骨不藏入上颌的白色嘴唇之间，才能勉强看得见。

这个严重向右侧弯曲的上颌，我马上认了出来……这是歪嘴伊雷娜的上颌，她是我们四年以来研究的抹香鲸族群中的女家长之一。她也认出了我，她不担心我靠近她，她知道我不危险。

*

## 像人种学家一样

这种为抹香鲸所接受的水下方法，使我们能够观测到任何一个捕鲸人、科学家从甲板上研究鲸目动物时所想不到的东西，哪怕他们有着最复杂的探测工具。这种方法揭示了长久以来被忽视的：抹香鲸舍。这种和动物的亲近关系使人可以同想要了解的生物一起待上一段时间。对于人种学家法比耶纳·德尔富尔（Fabienne Delfour）而言，观察者的亲近程度很重要："他同该物种，同作为主体的动物或者环境越亲近，就对这种别样的客观环境越敏锐。我们可以看到他能更快发现动物行为的动机。"[4]

这种亲近程度能使人进入熟悉的状态，就像人种学家一样，去沉浸于他想理解的社会之中。

人种学家菲利普·德科拉（Philippe Descola）在初次发现阿丘雅族（Achuar）时这样写道："我们根本听不懂他们在说什么，我们根本无法明白他们在干什么。这是典型的人种志情景。"[5] 就像人类学家阿尔邦·邦萨（Alban Bensa）所强调的那样，融入是唯一理解的途径："用德科拉自己的话来说，他和一些阿丘雅人成为'同伴'，为了进入阿丘雅人的世界，他运用了和他们之间的相对默契。一个人参与了家庭生活中所有发生和有影响的大大小小的活动，对此的描述和系统探寻并不能作为指导而去产生一种和环境脱节的知识［……］。因为出于完全固有的反转效果，人种志方法不可避免地是不完美的，在欧洲人和印第安人之间有一道难以估量的鸿沟，人种学思考深陷其中。"[6]

尽管有些科学家，比如丹尼丝·赫青（Denise Herzing）、法比耶纳·德尔富尔或者苏奇·普萨拉科斯（Suchi Psarakos）很早就研究憋气状态中的抹香鲸，传统上的抹香鲸研究是从船只的甲板上作出的。待在海面上去研究海洋动物是一种相当自相矛盾的境况。哈尔·怀特黑德教授研究抹香鲸二十余载，他很可能是如今最了解它们的人，他如此总结道："关于抹香鲸的行为我们主要有两扇窗：从海面上我们能看见的和借助水听器我们能听见的。尽管抹香鲸的主要行为既不是在海面上，也不是通过声音的方式，这两种方法结合让我们能探知鲸的日常生活［……］。但是许多重要的行为肯定逃过了我们（的眼睛）。"[7]

的确，只有出现在海面上的动物才能被观察到，才能通过背鳍的形状和尾鳍上的疤痕来辨认。不幸的是，抹香鲸只有在探测或者拍打海面时才会露出鳍，而这并不常见。

最顶尖的生物声学家们通过将水听器随机放入水中，能够知道发出咔嚓声的抹香鲸的数量，甚至是体形。确实，每一声咔嚓平均持续 18 毫秒，是由一系列间隔几毫秒的脉冲组成的，这会在示波器分析时显现出来。[8] 两次脉冲之间的间隔（intervalle entre deux impulsions，IPI）对应的是咔嚓声在抹香鲸额隆内部一个来回所需要的时长，而额隆的大小和抹香鲸的长度是成比例的。[9]

妙哉：只要聆听就能计算一头动物的大小。但如果那些动物沉默呢？那些不在水面出现的动物呢？那些从来不露出尾鳍的年轻抹香鲸呢？其他位于胸鳍和肚皮上的标记，同样具有区分的作用？如何区分年轻抹香鲸的性别？要知道其二态性让雄性和雌性无法区分，除非个体长度超过了 12 米，这是雌性能达到的最大长度。更重要的是，类似哺乳这样的行为只在水中进行，那又怎么办呢？不把头伸入水里，怎么能研究海洋动物呢？1944年雅克-伊夫·库斯托（Jacques-Yves Cousteau）和埃米尔·加尼昂（Émile Gagnan）发明自主潜水服以前，这是唯一的办法。如今，应当停止从海面上模糊得出的信号去推测、建立假设。人类再也不能躲在被研究对象和观察者之间的不便干扰背后，拒绝去亲眼一看。

杰出的灵长目学学者简·古多尔（Jane Goodall）让我们关于自己的表兄大猩猩的知识骤增，据她所言，当她在 1960 年代开始研究黑猩猩时，要获得好的科学信息，就应该冷静客观，把观察所得准确地记录下来。首先，应该禁止同被研究的主体产生任何共情。幸运的是，她在贡贝（Gombe）的坦桑尼亚黑猩猩研究中心头几个月里忽略了这些理论。并且她认为自己对这些智力生物的理解和知识中，很重要的一部分就源自她能和它们共情。

哈尔·怀特黑德在自己关于抹香鲸的专著中，[10] 想象了未来的抹香鲸研究："假设人可以知道每个个体在交换咯哒声时的身份和位置，以及它们的身体互动……假设人可以定期观察，那么我们就可以接近灵长目学学者们对于自己的（研究）主题所拥有的知识！"

这正是歪嘴伊雷娜和它的族群在毛里求斯岛附近海域给予我们的。

✲

## 论海洋动物观察方法

直接在海面下观察，就不用再猜测隐藏在镜子另一边的是什么了。不仅仅当抹香鲸像蜡烛一般沉睡和不发出声音的时候，还有当这些动物移动的时候，因为一般而言群体中的大部分是看不见的，它们位于游在海面的那几头鲸下方 20 米的地方。

在潜水时，身处动物之中，各种各样的细节都跃然眼前。这些细节如此明显，但是对于没有跨越水族边界的人而言是想象不到的。

因此，海面以下的观察者注意到，一旦抹香鲸离开水面，就会用腹部、两侧或背部移动。地心引力不存在了，抹香鲸就像蝴蝶一样轻盈。在仰泳的姿态下，它们可以欣赏海洋表面万花筒般的水波。最后一种姿势是将腹部转向海面，露出生殖裂口。

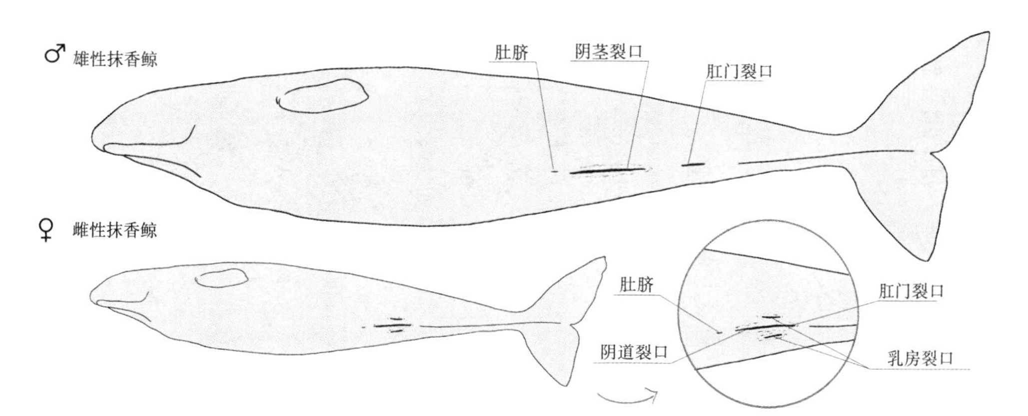


雄性与雌性抹香鲸腹部视角(按比例缩放)。

生物学家要确定动物性别没有困难，而外部的观察者[11] 不经过遗传学分析无法做到这一点。

对于我们而言，在水面下，每个细节都是信息的来源。即使在 30 米或者 40 米远的地方，我们要分辨年轻的阿蒂尔、阿加莎或者托图小姐毫无困难，它们的尾鳍被逆戟鲸或者更有可能的是它们的近亲表兄圆头鲸（圆头鲸在这个地区非常多）咬下过一部分。然而，它们对于外部观察者而言根本不存在。因为和成年抹香鲸相反，这些年轻的鲸分别出生于 2013 年 3 月、2014 年 3 月和 2016 年 2 月，它们不会把自己的尾鳍露出水面。

我们知道阿蒂尔是一头年轻的雄性，它陪着歪嘴伊雷娜，那很可能是它母亲。我们知道阿加莎和托图小姐两位雌性分别和白面颊（Joue Blanche）以及伊萨（Issa）在一起，那是另外两头成年雌性。这些信息都是外部观察所无法获得的。

同样，尚未成熟的年轻雄性白斑（Tache Blanche），其尾鳍毫无疤痕，它几乎无法从水面上去辨别。但是在水面之下不可能不看到在它的阴茎裂口前部有一个白色的亮亮的纹章。而且怎样才能认出非常年轻的佐薇（Zoé）呢？它只有左胸鳍一处疤痕？

最后，伊雷娜的特征是它歪曲的颌骨，这是从水面之外所注意不到的，就像埃利奥的尾鳍上有十道抓伤。

辨识每个个体，尤其是那些构成新一代的最年轻的

// 毛里求斯岛抹香鲸辨认卡片 //

阿蒂尔　　首次观测：2013 年 9 月 24 日 // 婴儿一 // 性别：公

| 尾鳍：3D | 左胸鳍 | 右胸鳍 | 其他区别记号 |
| --- | --- | --- | --- |
| 3D 型 | - | - | • 脊柱靠近尾鳍处有三道疤痕。<br>• 2013 年 4 月 5 日陪着歪嘴伊雷娜的婴儿身上可以见到这些疤痕。 |

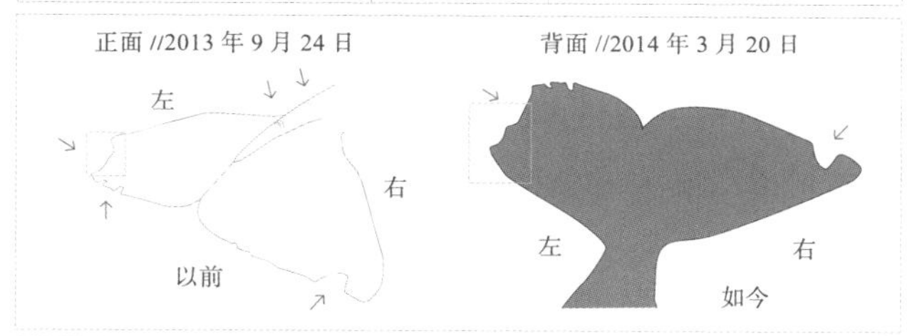

阿蒂尔和歪嘴伊雷娜在一起？

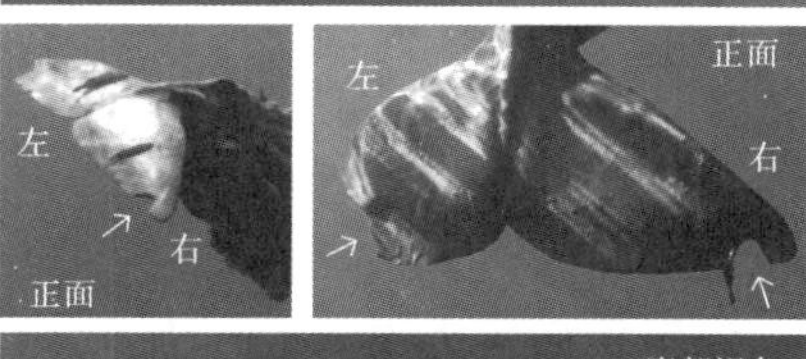


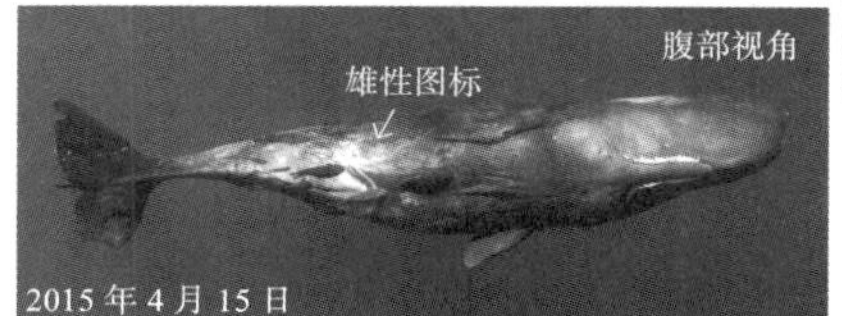




构思：弗朗索瓦·萨拉诺。制图和示意图：玛丽昂·萨拉诺(Marion Sarano)。

阿蒂尔的身份证。

鲸，对于理解它们的个性、统计它们的数量、理解社会结构及其演变而言是一把或不可缺的钥匙。

✲

## 电影资料馆，研究活物的最佳工具

然而，除了可能打扰动物，直接观察也有其不足之处。水的浑浊经常没法让人获得一个整体的视角，尤其是当个体处于分散的状态时。但是，当个体数量很多且互相混在一起，也很难一眼看去就明白发生了什么。太多、太快、太复杂、太短暂……最后，相遇产生的激动之情、疲惫、疏忽也会影响到观测的质量，并且这会加强在潜水过程中所搜集的数据的主观性。

为了纠正这种偏差，我们的团队一直都将相遇的情况摄制下来。一大部分的主观性就被抹去了。不仅如此，在摄影棚里分析影片和声带能不断重现一幕场景，可以慢放或者停下连续的图像来辨别和破译某个行为。没有什么能逃过摄像机的眼睛，每个细节，哪怕是最微小的，都在聚光灯下。立体声将图像和声音同时记录下来，这能把咔嚓声和发出这声音的抹香鲸对应起来。这相当于实现了对每头抹香鲸单独进行采访，比录下不加区分的整个群体发出的声音要丰富得多。

用五年时间拍摄的全部有声资料汇聚成一座图片银

行，建立起一间电影资料馆，这能追踪每个个体一步步的演变。分析这些影片揭示了在毛里求斯岛附近海域遇到的五十余头抹香鲸各自的性格：性别，身体上的斑点、疤痕，以及胸鳍和尾鳍上的锯齿状缺口，那是角鲨、圆头鲸或者逆戟鲸留下的咬伤。基于这些信息，我们绘制出了每一个个体非常完整的身份证，甚至包括新生儿的。幸亏有了这份证件，我们追随每头抹香鲸的一生：成长、行为变化和关系，尤其是每个个体个性的确立。这有点像我们看着自己的孩子长大。

✲

## 为什么要给它们起名字？

歪嘴伊雷娜：潜水归来，这个名字不请自来。几天之内，所有潜水观察的人都在谈论女家长歪嘴伊雷娜和经常陪着她的小阿蒂尔。晚上大家在互相交流观察报告的时候，提到自己遇见了害羞的罗密欧是多么的愉快。它总是躲在母亲吕西（Lucy）的裙子底下，它和同龄的伙伴——勇敢的探索者埃利奥有着绝对不一样的性格。

回到法国后，收到留在当地的观察者们发来的关于德尔菲娜（Delphine）、白斑或者瓦妮沙（Vanessa）的消息是多么幸福的一件事啊。

而且，当我们在为每头抹香鲸建立身份认证时，我们没有质疑这一点：每头抹香鲸都用观察者们知晓的名字来辨别。

“不科学的态度，”立即有人这么指责我们，“名字是主观的，（这样做）陷入了庸俗而情感化的拟人主义之中。这表明心系研究主体，会干扰到严谨的科学态度所需要的距离感。应该根据相遇的日期，用字母和数字组合的身份来给这些个体分类。”

然而，相遇的日期出自偶然，数字逻辑在这里完全不适用。想象一下，我们向这些“严谨的唯科学主义”诱惑让步了，我们把歪嘴伊雷娜命名为20110314F1，这和第一次观察到它的时间对应，鉴于这是一头雌性，并且是那一天第一头观察到的鲸。我能带着微笑想象到潜水员们浮出水面说：“我们见到了20110314F1，你知道，就是那头歪嘴的。它和20130924M1在一起，但是可能要将它命名为20130405M1，因为我们刚刚找到了一张更早的照片。”传统的字母数字组合命名制度不仅在实地没法操作，不可能记住，而且并没有更加科学。

在科学家和他的研究对象之间这种所谓的不可或缺的距离是一种假象。它掩盖的正是无能为力，甚至是害怕去聆听对象、去理解对象。这是傲慢的自闭心态的标志，传承自宗教性的过去，人类的神性起源和其他生物之间是断裂的这个观念被奉为信条。用数字表示活物不是在对抗拟人主义，而是在实践人类中心主义。

很久以来，这种距离让科学家们无法看到活物的多样性，不仅是在物种的层面，也是在个体的层面，无论在何种情况之下，每个个体都是不能像一部机器的零部件那样互换的，零件是可以被数字化编号的。但是要找出每个个体的多样性，就需要俯下身去聆听，去重视每一个，也就是要赋予它一个身份，要给它起名字。把善意的名字撤掉，用字母和数字组合去登记，这是在把动物降格到可以被开采、消费的资源的状态。数字是不会感到痛苦的，没有意识，其消失无关紧要，因为它们是可以互换的。

用充满善意的眼光去辨别每一个活物不是在实践拟人主义。诗意并不否认科学眼光的严谨性质，而是赋予它人性。

# 第 5 章　歪嘴伊雷娜的族群

✽

## 社会团结、族群、群体、鲸群

抹香鲸是相当社会化的生物。

捕鲸人注意到了这一点，并且当他们遇上一群鲸时就利用这一点。因为他们知道抹香鲸不会散开——恰恰相反，它们会互相帮助，一直到死。苏格兰博物学家托马斯·比尔（Thomas Beale）于 1839 年在他的书《抹香鲸自然史》（*L'histoire naturelle des cachalots*）中就此写道：

> 雌性对于自己幼崽的关切相当明显。人们经常可以看见它们带着最大的细心和温情鼓励幼崽，救助它们远离某种危险。它们强烈的社会情感和互相之间的依恋感同样令人瞩目，此类关系如此

强烈，以至于当一个鲸群里有一头雌性遭到攻击并受伤时，它们忠实的同伴围在她身边直至最后一刻或者直到自己也受伤。当有多艘捕鲸船时，猎人们知道如何巧妙地利用这一点，有些鲸群因此全军覆没。年轻的鲸也非常依赖雌鲸。可以看到它们在自己的亲人被杀害之后，围绕在船只周围几个小时。

这样的汇集可以暂时聚拢几千头鲸。2016年，海底摄影师托尼·吴（Tony Wu）极其幸运地加入了几百头抹香鲸的聚会。[1]

这些聚会可以绵延至方圆10至20公里，被鲸目学家哈尔·怀特黑德称作聚集体（aggregation），他建议根据连接它们之间纽带的紧密度和持续时长来定义不同的社会结构。[2] 这些暂时的聚集体由相当个体化的成年雌性和未成熟的个体组（groups）或者群（schools）组成，随后会散布在它们自己几千公里的狩猎场地里。

关于抹香鲸的社会结构、互动和不同群体的演变，最棒的研究是由沙恩·杰罗博士（Dr Shane Gero）的团队在多米尼加的加勒比海域主持的，历时15年。这项极为完整的研究如今仍在进行，可以在多米尼加抹香鲸计划（Domenica Spermwhale Project）的网站上看到。[3]

✻

## 歪嘴伊雷娜的族群

从2013年开始，我们在毛里求斯岛西海岸附近的海域里观察同哈尔·怀特黑德和沙恩·杰罗的描述相类似的社会结构。乍一看，聚集体看起来是混杂的，由偶然集合的个体组成。其实完全不是如此。在为55头抹香鲸建立了身份认证以后，我们能够确定其中一部分的鲸谁是谁，并且能讲出谁和谁在一起。而且我们可以确定的是，我们潜水中最清晰的部分是同一个由半打成年雌性组成的母系群体在一起度过的：歪嘴伊雷娜的族群。当我们到水里同歪嘴伊雷娜在一起时，几乎总是能遇上德尔菲娜、瓦妮沙、阿代莉（Adélie）、吕西、埃米（Emy）和热米内（Germine）。这七头成年雌性似乎共同养育着六头尚未成熟的鲸：一头雌性是佐薇；还有五头雄性，分别是白斑、罗密欧、埃利奥、莫里斯（Maurice）和阿蒂尔。

我们经常遇见另一个族群，即阿伊科（Aïko）的族群，它似乎经常同伊雷娜的族群在一起。阿伊科的族群里有八头成年雌性：阿伊科、明娜（Mina）、米斯泰尔（Mystère）、卡罗琳（Caroline）、克莱尔（Claire）、行巳（Yukimi）、伊萨（托图小姐的母亲，托图是一头出生于2016年2月底的雌鲸），还有茧背（Dos Calleux），即巴蒂斯特（Baptiste）的母亲（巴蒂斯特是一头出生于2017年3月初的雄鲸）。有时候，这些族群会分成组，由两个族群中的个体共同组成。这些小组会独自活动一段时间，随后每头抹香鲸回到自己分属的族群之中。

这些共同生活的雌性组成了哈尔·怀特黑德所称的社会单元（social unit），而我们将其称为一个“族群”（clan）。这个词在我们看来更加恰当，因为雌性们，即女儿们、母亲们、祖母们一生都在一起。她们同自己的婶婶和表姐妹们联系在一起。因此她们除了拥有社会关联，还有亲属关联，这正是族群的特征。这些母系群体非常稳定。连接每一个成员的紧密纽带体现在频繁的身体接触上，这有时令人惊奇：因此，德尔菲娜与瓦妮沙，同一个族群的两头成年雌性，经常游在同一航线，有时她们采取交配的姿势，肚皮贴着肚皮，生殖裂口贴着生殖裂口。这种行为的社会意义是什么：认可亲属关系吗？化解冲突，就像我们能从倭黑猩猩身上看到的那样？等级？性满足？的确，就像我们多次观测到的，这些性社会行为在不同族群的两头雌性之间更加明显：瓦妮沙（族群1）毫不含糊地将自己的生殖裂口在卡罗琳（族群2）的背鳍上摩擦，或者代莉娜（Déline，族群4）对吕西（族群1）这么做。

✻

## 一个稳定的母系社会

我们试图搞清楚个体之间关系的强度，以便建立一个社会关系的模型，来凸显随着时间的推移，“谁和谁一起游”“谁和谁待在一起”。为此，我们根据空间上的靠近程度和观测到的关系进行“打分”，从 1 至 6 级不等：

——1：同一天在毛里求斯岛附近海域观测到的抹香鲸，但是时隔好几个小时，并且相隔超过 10 海里；

——2：分开的抹香鲸，但是在同一时空中可以在海面上看到；

——3：分开的抹香鲸，但是可以在海面以下（不超过 30 米深）见到；

——4：多头抹香鲸身体接触，社会化、游戏；

——5：身体接触的一双抹香鲸（成年/未成熟或者成年/成年）；

——6：哺乳。

研究依然在进行中，表明至少有五个族群经常在毛里求斯岛水域出没：伊雷娜的族群、阿伊科的族群和另外三个，至少涉及 20 头成年的身份明确的雌性，但是我们没法探明其社会结构，因为它们的觅食区域远离我们主要的观测区域。

社会关系模型还能凸显在歪嘴伊雷娜的族群里，成年雌性和未成熟的鲸之间有紧密并且持久的关系，这很可能是母亲和子女之间的关系。因此，我们有理由相信歪嘴伊雷娜很可能是阿蒂尔的母亲。这头年轻的雄性很可能诞生于2013年3月，我们一步步看着它长大，它经常在歪嘴伊雷娜的肚皮之下，它的喷气孔接触乳房裂口。同样，年轻的雄性罗密欧，很可能生于2012年，它一直都陪着吕西。尽管罗密欧已经5岁多了，一般情况下已经断奶，我们撞见过它们两个正好在哺乳。埃利奥跟着阿代莉，佐薇和埃米一起游，白斑超过5岁，和德尔菲娜待在一起的时间超过和族群中所有其他雌性。

有时，一些意外事件会揭示谁是母系直系亲属。比如在2016年3月25日，我们下潜了十几米，和一群正在嬉戏的鲸在一起，这里面有一头成年雌性，即德尔菲娜，还有六头尚未成熟的鲸：阿蒂尔、罗密欧、埃利奥、白斑、佐薇、托图小姐。混在一起的身体互相交错，互相抚触、不断轻轻互相咬着，很安静，勉强有几下咔嚓声。出于我们没有发现的原因，这个平静玩耍的群体开始骚动起来。四处迸发出咔嚓声。动物们紧张地把头探出水面，拍击尾鳍。动作开始大起来。其中一头幼鲸特别紧张，拉了大便，整个鲸群被一团栗色的云包围了。骚动在一种近乎不真实的混乱中持续着。但是我们没法看到在云团中央的情况。突然，在我们背后，歪嘴伊雷娜全速出现——这非常罕见。没有什么看来能够拦住她。她从我们中间游过去，对我们毫不关注，消失在赭石色的云里。立马平静了。歪嘴伊雷娜从粪便云里出来，身后跟着阿蒂尔，阿蒂尔的喷气孔贴着她的哺乳裂口。一对鲸离开了，而其他幼鲸又开始在云之外游戏，而且保持安静！这件事整个持续了大约 10 分钟。

一个非常稳定团结的母系社会的轮廓正慢慢勾勒出来。这个社会分成同一血统的雌性的族群，她们共同养育着自己的幼崽，而成年雄性则是缺席的。

✽

## M 指雄性，M 是谜

那么，大型成年雄性到底到哪里去了呢？它们缺席了。他们不与群体在一起，雌性似乎只在繁衍方面让它们感兴趣。

年轻雄性在 10 岁至 15 岁之间（关于这个年龄不同作者说法不一）达到生理上的性成熟，并且离开养育他们的群体。这些亚成体（subadulte）构成了多多少少稳定的群体。它们彼此之间逐渐互相分开，向着高纬度进发，越过南北纬 50 多度，在它们的进食区域里待上一段时间。[4]

多年之后，当它们最终达到了性社会成熟的年纪，这些雄性可能会为了繁衍后代而回到养育自己的社会单元。然而，托马斯·吕霍尔姆（Thomas Lyrholm）于1999年进行的一项遗传学研究[5]似乎证实了这些雄性不会同自己家庭中的雌性交配。这些繁殖的雄性从一个族群旅行到另一个，而且很可能从一个鲸群到另一个，甚至从一个海洋到另一个。[6]

在毛里求斯岛，我们很少观察到这些巨兽，尽管我们能听到它们具有特征性的锴锴声（参见第10章），因为他们很难让人靠近。然而，我们已经制作了其中八头的身份证。它们共有多少头出没在毛里求斯岛水域呢？我们一无所知。而且没有人真的知道它们来自哪里，待多久，去哪里……

据称雄性向南游，经常出没于亚南极水域。"在毛里求斯岛以南约3 000公里的凯尔朗盖群岛（Kerguelen）和克洛泽群岛（Crozet）附近统计到了超过250头大型雄性。但是到现在为止，没有人知道它们来自哪个族群，去哪里繁衍后代。至于在其他亚南极岛屿赫德岛（Heard）和麦克唐纳群岛（MacDonald）周围捕食的抹香鲸，它们从来没有被研究过。"[7]

在12月至4月南半球夏天时，这些大型雄性将会回到热带水域进行繁衍。[8]

没有什么比这更加不确定的了，因为我们见过大型雄性一整年都在毛里求斯岛水域。其中最大的两头，霜冻（Big Frosties）和纳温（Navin）甚至在7月（即南半球的冬天）就呈勃起状态。没有卫星定位的帮助去跟踪雄性在广袤的海洋之中的旅行，他们的生活和迁移对我们而言是一个谜。显而易见，一切都有待发现。

# 第6章　我为人人，人人为我！

今天早晨，信风速度25节。大海翻腾，海水浑浊，我们的朋友抹香鲸分散开来。一头成年雌性独自在距离我们的小船不远的地方吹气。它迅速消失在泡沫之中。波浪淹没了我们的船尾，它在水中犹如耍杂技一般。我们很容易又找到了那头慢慢游着的雌性，它在水面以下10米之处。惊喜的是，它并不孤单。它的婴儿陪着它。孩子在它肚子下面，喷气口贴着它的哺乳裂口。尚未成熟甚至到了一定年纪的鲸在和它们的母亲在一起时经常采取这种典型姿势。它们慢慢地游在同一航线。小鲸是否借助了成年鲸的动力？这种接触是否相当于保险、温情、默契的交流？可以肯定的是，这种身体接触非常重要，也非常常见。

我们第一眼认出的是托图小姐，那是一头不到两个月以前降生的雌性。它的尾鳍刚刚被一个捕食者撕下了左端，伤口还很新鲜，能看到白色的肉。和它在一起的是伊萨，很可能是它的母亲，伊萨的尾鳍右叶上有一处橡子状的切口，那是它的特征。这一双鲸没有注意到我们，它们一动不动。

✽

## 吃奶真好！

我们当时看到了难得一见的亲密一幕。托图小姐立了起来。它的背轻轻地往后仰，用力挤压了其中一条哺乳裂口。随后它张开嘴，颌骨伸进了哺乳裂口，用舌头去夹乳头。这看来没用。它又试了两次，最后得到了一道厚厚的奶油丰富的奶流，奶溢出了它的嘴。这一口看起来足够了。托图小姐又一次舒服地贴住了它的母亲。两头鲸游走了。

小鲸大约在两年的时间里吃这种“奶油状的奶”。的确，这种奶更稠、更富有能量，热量是牛奶的六倍之多：相比牛奶的一千克 640 千卡，鲸奶每千克可以提供 3 840 千卡热量。[1] 一天喝几口呢？没有人知道。因为很少能遇见哺乳（的场景），更不用说遇上连续两次喂奶了。

假如能挺过所有危险，托图小姐将在 2018 年 2 月满两岁。它将身长 6 米，体重超过 2 吨。[2] 它会断奶，能够吃成年鲸反刍或者它自己捕获的乌贼。没有人真的知道年轻的鲸什么时候开始潜入海渊，去有效率地捕猎。尤

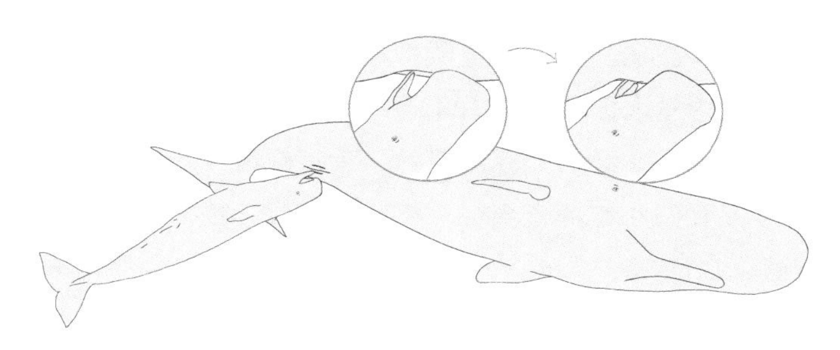

哺乳，小鲸将自己的下颌骨深入哺乳裂口之一，用自己的舌头去夹乳头。

其是它们在性成熟之前，也就是 9 或 10 岁的样子，没有牙齿。但牙齿不过是装饰颌骨的，似乎并不真的对于这些出色的乌贼猎手们有必要。这些软体动物更有可能是整个儿被吞下去的。从完全以喝奶为食到食肉的过程很可能是循序渐进的，但并不总是容易的，因为这些年轻的胃并没有准备好去消化头足纲动物结实而富有弹性的肉。我们见过 3 岁的阿蒂尔在反刍剩余的乌贼，很明显它没能习惯它们。我们还遇见过 4 岁的罗密欧贪婪地在喝母亲吕西的奶。有些生物学家们甚至在一头 13 岁的抹香鲸胃里找到奶。[3]

*

## 奶妈热米内

但是现在，托图小姐吸奶、吸奶、再吸奶。2016 年

3 月 15 日，在拍摄了它吸奶的四天以后，我们又遇上它在吸奶。令人惊讶的是，给它喂奶的不是它的母亲伊萨，而是热米内，同一个群体中的一头年轻成年雌性。那么谁才是托图小姐的母亲呢？伊萨不在时，热米内扮演了奶妈的角色吗？

2017 年 3 月 14 日，这个假设在一年以后得到了证实。在经历了一天的风暴让我们没法出海之后，我们在晴朗的一天又遇上了歪嘴伊雷娜的族群，阿伊科、伊萨和托图小姐也和它们在一起。这个族群今年又有一桩喜事：茧背在 3 月的第一个星期里生了一个男婴，巴蒂斯特。3 月 11 日，当勒内・厄泽第一次拍摄它的时候，它浑身皱巴巴的，乳白色的肋部上有一道道横向的大褶皱。它很少离开母亲，母亲经常给它喂奶。然而，我在 3 月 14 日快 11 点 30 分的时候悄悄地下了水，巴蒂斯特没有和母亲在一起，它同热米内一起在游，并且和她寸步不离。但是 20 分钟以后，它对我们停着的船感到好奇，离开了奶妈，靠近船体。热米内停了一下，返回来等它，并且慢慢继续游。巴蒂斯特观察着船只暗沉沉的身体。它是否把船当作一头一动不动的抹香鲸了？到了船首柱处，抹香鲸宝宝似乎在找它已经看不见的奶妈。于是它发出一段咔嚓声，有 30 多下，金属般嘘嘘作响，每一声都间隔一秒，这是在苦恼地呼唤吗？5 秒钟后，一阵强有力的 8 下咯哒声从远处传来，他回之以两下分明的咔嚓声。热米内从水中探出身游了回来。她于是发出 7 下咯哒声、8 下咔嚓声，这看起来足够催促新生儿突然加速，去贴在自己奶妈的侧边。两头鲸消失在远处。

13 点 15 分的时候我们又遇上了巴蒂斯特，但是它和母亲茧背在一起。它们正在热烈地讨论：互相叫唤着八或者七下咔嚓声。新生儿温柔地在母亲的鼻端前嬉戏。在十米开外的地方，托图小姐也和它的母亲伊萨在一起。这群鲸游远了。

但是，在 14 点 50 分的时候，紧紧陪着热米内的是托图小姐，而伊萨则不在附近。

几天之后，2017 年 3 月 24 日，我们观察到了热米内、巴蒂斯特和托图小姐三个。抹香鲸们慢慢沿着同一航线在游。热米内停下来，头向下立起来，尾鳍擦过水面。托图小姐于是试着吸奶。但是它被热米内推开了，热米内朝这条小雌鲸排便，把自己所有的温存与关切都集中在巴蒂斯特身上，她抚摸着巴蒂斯特的头将近一分钟。除了巴蒂斯特的母亲茧背，没有其他哪一头成年雌性，对新生儿表现出如此的细心和温情。是否因为热米内是成年雌性中最年轻的那一头（她的牙齿刚刚冒出来），她才在最小的鲸面前扮演大姐姐兼奶妈的角色呢？据哈尔·怀特黑德所言，经常能见到尚未成年的鲸和族群中这个或者那个成年雌性在一起。怀特黑德称之为托婴（baby-sitting）。[4] 他甚至认为哺乳可以是一件集体的事。一个新生儿可以被母亲以外的其他雌性接纳、保护、喂奶，以至于在没有遗传学分析去确认母亲身份的情况下，这种异体母性行为让人没法一眼就分辨出哪个是母亲，哪个是奶妈。

有时甚至一头小鲸和某位奶妈的联系更紧密。阿加莎的故事证实了这种特别的依赖。2014 年 3 月 24 日，我们第一次遇见阿加莎。它（出生）还不到 24 小时。它浑身皱巴巴的，尾鳍还卷曲着。阿加莎靠着白面颊，那是一头我们追踪已久的成年雌性，我们在四天前见过她，当时她大腹便便，马上要生了。我们由此得出结论，在白面颊身边笨拙游泳的阿加莎是她的女儿。在接下来的几个月内，白面颊和阿加莎关系非常紧密。在阿加莎被食肉动物伤害之后，它们的关系甚至更亲密了。但是随着时间的推移，事情似乎有了变化：第二年，阿加莎被看到更经常和另一头成年雌性阿伊科在一起，比和白面颊在一起的时间要多。阿加莎是否离开了母亲去了奶妈那里？白面颊难道不是她母亲吗？

在抹香鲸的世界里，每位成年雌性都能在母亲去深海捕猎而不在时照顾她的孩子。当附近没有成年鲸时，尚未成熟的鲸组成托儿所互相慰藉。最强壮的那些鲸于是就担任起育儿员和保护者的角色。[5] 在托儿所不远处通常会有一头成年雌性，哪怕她睡觉的时候都一只眼保持警惕。事实上，整个族群一直都为最年幼的鲸能活下来而努力。

✽

## 受宠的婴儿与几千个被遗弃的蛋

这种集体策略也见于其他后代稀少的物种，因而它们的更替很缓慢，就像大猩猩和大象。这些物种的共同点是性成熟很晚，寿命很长，并且繁殖力很低。它们的后代很少。后代很珍贵，在很多年里很受宠爱。子孙后代的延续取决于这种关爱。

这种世世代代绵延的策略被罗伯特·麦克阿瑟（Robert MacArthur）和爱德华·威尔逊（Edward Wilson）——1967年他们根据环境的稳定程度研究了繁衍策略——称为“K策略”。与K策略相反，极有繁殖力的物种，它们的策略是将自己的后代遗弃在环境中不管不顾（r策略）。比如这是另一种海洋君主，红肉金枪鱼的繁衍策略。它在水中产下几万颗卵。它们很少长到成年，因为卵的受精、蛋和幼体的幸存取决于不确定的洋流，温度和盐度的细微变化，和水母或者沙丁鱼之间的距离……在这些物种中，数量是幸存的保障。

尽管这种社会生物学家的分类有点简单化，并且让人以为抹香鲸在有意识地绵延后代，却指出了类似大型鲸目动物这样的物种对待自己的后代甚是悉心。

抹香鲸将 K 策略发挥到了极致：年轻的个体是王，整个族群都是为了保护它。

*

## 捕食者

在远海，没有地方可以躲藏、栖息，不论是否受到保护，不管是单独还是在群体里，危险永远存在，即使是对于成年个体而言。

而这种危险来自另一种大型齿鲸，抹香鲸的表亲：逆戟鲸，它很有可能是海洋里最强大、最聪明的捕食者。成年的雄性体重 8 吨。当它高达一人的背鳍撕开波浪、当它黑色的巨大头部像推着一个水下的泡泡那样推开海浪，那么所有的生物都要担心起来了。因为逆戟鲸运用集体的智慧胜过用强力。它们使用复杂的群体策略，使用每个个体都要发挥才干的协作方式，靠的是无懈可击的团结一致。它们尤其能够快速分析一个新的情况，在短暂的商议之后采取策略（参见第 8 章）。逆戟鲸攻击抹香鲸的罕见景象证实了它们带来的恐怖，即使是对最大的齿鲸。确凿的证据一只手都数得过来，因此值得一提。

以下是蓝圈媒体（Blue Sphere Media）的潜水摄像师肖恩·海因里希（Shawn Heinrichs）的经历：

2013年4月，在斯里兰卡附近海域，五头逆戟鲸，一头雄性和四头雌性开始攻击一家有半打之多的抹香鲸。受惊的抹香鲸看起来不够快，也不够机动。

肖恩很勇敢，他下水加入了它们的混战。

最大的那头逆戟鲸立马朝我游过来并且对我进行了扫描。人们早就嘱咐过我要当心这些超级捕食者，但是在我心里，我知道它们非常聪明，颇有教养，它们对我不感兴趣。在审视了我之后，逆戟鲸回去捕猎了。海面上的争斗相当激烈。四处都是划破水面的背鳍。（它们的）身体互相交错。我不知道逆戟鲸的攻击是否胜利了。因为我们看见抹香鲸组团冲向东方。逆戟鲸跟着它们一段时间，随后撤退了。[6]

逆戟鲸不是唯一威胁到抹香鲸的。事实上，抹香鲸的表亲圆头鲸通常进食乌贼，在罕见的情况下似乎也会攻击其他鲸目动物。

鲸目学家大卫·韦勒（David Weller）这样描述1994年8月墨西哥湾里一双鲸（母亲和她的婴儿）被一群三十多头圆头鲸（*Globephala macrorhynchus*）攻击的

景象：

> 十几头圆头鲸把母亲和婴儿包围起来。那些最大的圆头鲸在成年抹香鲸面前用尾鳍猛烈拍击水面。其他圆头鲸看起来非常恼怒。它们游得很快，在看似惊慌失措的抹香鲸侧面、头部和尾部拍击水面。母亲和幼儿绝望地将头探出水面呼吸。不远处，一群六头抹香鲸和一头幼鲸也被20头圆头鲸纠缠住了。大约一个小时以后，母亲和幼儿成功地加入了第二群鲸，还有另外两头单独的抹香鲸也加入了……很快，30至45头圆头鲸包围了10头抹香鲸，抹香鲸围成了“玛格丽特雏菊”状来保护两个小婴儿！过了一会儿，圆头鲸看似放弃了。[7]

✽

## 黑色威胁

在毛里求斯岛附近海域，逆戟鲸很罕见，但是圆头鲸很多。我们经常会遇见它们。而且，当我们在水面上看见它们宽大的钩状背鳍时，我们知道那一天我们不会见到抹香鲸。我们甚至假设这两者相遇有时会造成悲剧。

托图小姐、阿加莎和阿蒂尔很有可能经历过韦勒描绘的至暗时刻。它们尾鳍上巨大的疤痕就是证明。攻击

逆戟鲸的攻击（据肖恩·海因里希的视频绘制）。

时我们不在场，但是我们能够想象这种害怕：

阿蒂尔两个月。那还是一个勉强 4 米长的笨拙大婴儿。它刚刚美美地喝了一大口奶。它把自己的喷气孔贴在母亲舒适的肚皮上。它感觉甚好，昏昏欲睡。但最为温情的时刻没有持续多久。歪嘴伊雷娜是时候回到海渊中捕猎了。伊雷娜的喷气孔大开，最后一次呼吸，充分地呼吸。它那巨大的有刀疤的方形的头部浮出水面，好像是为了加速。它的身体立起来，随后，它的背慢慢卷起来，强有力的巨大尾板掀起一阵瀑布。它直直地向着天空竖起来，然后垂直潜入波浪之中。

在这个时间点，当太阳在天顶的位置，乌贼们身处超过一公里的深度。歪嘴伊雷娜出发已经一个小时了。不论遇到什么，它都需要超过一刻钟的时间才能回到水面。

阿蒂尔独自待在一望无际的海水中。它听到渐渐远去的母亲发出有规律的咔嚓声。阿蒂尔任凭自己浮上水面。太阳的光线落在一根漂浮的褐色海藻上。它只看到金色的阳光嵌在蓝色的大海里。它精巧地夹住了海藻。它摇晃着海藻，就好像要用自己还没有出牙的颌骨去撕碎它。或许它喜欢这株植物略过面颊时的微妙触感？它张开嘴，海藻掉了出来。它又咬住了海藻。它在玩耍。它玩耍着，对远处追逐打闹的其他小伙伴——白斑、埃利奥、罗密欧和佐薇——的叫声无动于衷。它也没有注意那些锐利而激烈的哨声，这些声音似乎在四处互相回应，现在它们盖过了其他抹香鲸紧凑的咔嚓声。阿蒂尔意识到威胁时已为时已晚。有两头比它更大的身体已经在它身旁出现。圆头鲸发起了集体攻击。它们有十头，甚至更多……这些带回声定位的咔嚓声甚至没法让它看见所有进攻者：太多了，太分散了。年幼的抹香鲸着了慌。苦恼的咔嚓声在它脑袋里乱哄哄的。怎么办？躲起来吗？完全没有可以隐匿的秘密藏身之处。逃走吗？它没有这个力气。比圆头鲸下潜更加深吗？它还做不到。它被包围了。当雄性圆头鲸还在靠后的位置时，一头年轻的雌性发起了第一次冲锋。它从后面咬了一口，在阿蒂尔的尾鳍上留下尖锐的齿印。阿蒂尔本能地一跃，暂时救了自己。但这能持续多久呢？

突然，它的家人熟悉的咔嚓声充满了海洋。吃惊的圆头鲸不再逼迫，这让阿蒂尔有时间让自己和追逐者们拉开一段距离，朝着全力赶来的自己的族群冲过去。有女家长瓦妮沙，有德尔菲娜、吕西和阿代莉，族群中其他的成年雌性应该就在不远处睡觉。还有它们各自的儿子们：白斑、罗密欧、埃利奥，还有母亲潜水去的佐薇。它们比阿蒂尔大个一两岁，但还没有长到可以战斗的大小。

阿蒂尔急忙朝它们游过去，消失在群体中。大型雌性把年幼的鲸紧紧围起来。骚动达到了极致：头、尾鳍、背互相混杂交错着，露出水面。很快抹香鲸群就在一大团粪云中消失了……

圆头鲸们虽然被难住了，因为无法在昏暗不明的云雾中区分年幼的鲸和成年鲸，它们却不气馁。它们包围了这群并没有办法真正形成自卫形态的抹香鲸。“玛格丽特雏菊”没有足够的花瓣。阿蒂尔和埃利奥在群体之外。攻击是直接的。其中一头圆头鲸撕裂了阿蒂尔尾鳍的左半边，另有一头在埃利奥的尾鳍上留下了去不掉的牙印。作为回击，抹香鲸们全力拍击海面。水花四溅。一名侵略者被瓦妮沙的尾鳍刃碰到了。圆头鲸们集结起来。更加强大的雄鲸加入了雌性的群体中，试图孤立受伤的阿蒂尔。

就在这时，埃米、热米内和歪嘴伊雷娜从深海中回来了。

力量的对比改变了。牙齿与怒火，跟协同、团结、群体碰撞在一起：7 头成年抹香鲸和 5 头尚未成熟的鲸……这令人印象深刻。

圆头鲸们放弃了。

阿蒂尔缩成一团，贴着母亲的肚皮。它的身体上有一道道咬伤。它的尾鳍只剩下一个发白的伤口。破了皮的肉成了碎片。但是阿蒂尔还活着。

✻

## 成年的警惕，孩子的悠然

集体保护似乎非常有效：阿蒂尔、托图小姐、阿加莎就是典型的幸存者。这种殷勤的看管不仅仅是幸存的优势，还是个体发展、成长的关键。在安全的情况下，头脑是自由的，年轻的个体有时间花在活下来以外的事情上，它们有时间去发现自己的液体世界。它们在一起玩耍，建立联系，因此当和平又回归时每头鲸都可以张扬个性。多少次我们见证了这些无限优雅的时刻，在一头成年雌鲸的悄然警惕之下，青年们轻盈而庄重地跳起芭蕾舞？在 15 米深处，阿蒂尔和莫里斯互相间隔几米，悬停在水中。不远处，在十几米的地方，女家长之一吕西在垂直悬浮着睡觉。没有特别的请求，一致的蓝色，没什么可以吸引注意力的。阿蒂尔发出一下加强的嘎吱声，缓缓朝莫里斯滑去。它们互相摩擦，整个身体长久地轻拂。两头年轻的雄性开启了一场悬空的舞蹈。它们在无动于衷的吕西周围慢慢互逐。没有哪只蝴蝶，没有哪只燕子有这样缓慢的优雅感，这样精巧的灵动感。它们绕着自己打转，互相交错，互相抚摸。身体的韧性和弹性仿佛羽毛一般，而不是用吨计算的体重。它们扭起来像轻盈的漩涡线状图案。这场芭蕾持续了六分钟。我们被迷住了，被带入另一个世界、另一个维度、另一个时空。这些漩涡线状图案想要表达的，假如不是极度的幸福和身体的愉悦，又是什么呢?

有些行为主义科学家把这种舞蹈当作获得本体感觉(自己的身体在空间中的感觉)的必要练习来分析，当作一成不变的、先天的训练，是繁衍的雄性之间为了引诱和互斗所进行的准备。总之，这些柔体动作实用且标准化。

人种学家戈登·布格哈特(Gordon Burghardt)立马认出这是一种游戏，“在最重要的需求被满足以后进行的活动，重复进行的活动，这种行为很明显是无用的(非功能化的)，这和通过结构、环境和发展所进行的适应性行为截然不同，是动物在没有压力的环境中放松、不受刺激时所做的动作”[8]。

布格哈特认为游戏活动至关重要，是创新、创造力和演变的来源，是探索和超越自己的客观世界(见第1章)的手段。而且，在歪嘴伊雷娜的族群里，最有天分的探险家是埃利奥。

# 第 7 章　探险家埃利奥

埃利奥和别的抹香鲸可不一样。他对外部世界表现出旺盛的好奇心。他经常靠近船只，在海面上侧卧，看着船上的人们骚动起来欣赏他。随后他用大量的嘎吱声来探测船体。当我们潜水时，总是他过来观察我们。他离开自己的玩伴来研究我们。只有白斑和热米内有时远远跟着他，但它们满足于用回声定位迅速探测一下。埃利奥呢，则慢悠悠地探寻自己发现的世界。如果每头抹香鲸都发展出自己的个性，埃利奥明显是族群中的探险家，抹香鲸中的马可波罗。他经常独自行动，但并不因此被群体排斥。恰恰相反，随着一年年过去，我们发现他如何正在成为年轻群体中的头领之一。只不过，抹香鲸的世界对他而言还不够。

这种强烈的好奇心很早就表现出来了。2013 年 9 月 23 日我第一次遇见他的时候，埃利奥还是个两岁多的婴儿。不是我发现了他，是他过来轻轻地、笨拙地自我介绍。与其他同龄的小鲸以及成年雌性那般和我们保持远远的距离完全不同，埃利奥对我们、对我们冒出的泡泡、对我们发出的声音感兴趣。他离开了自己族群舒适的保护，来和我们相遇。

那一天，勒内·厄泽和我正在毛里求斯岛附近海域做报道。勒内在拍摄距离船只50多米的一头抹香鲸婴儿。我不出声地滑入水中，好不打扰到它。但是那头抹香鲸，它的耳朵灵敏，它马上停下游泳，转身直接朝我过来。几秒钟后我们就面对面了。它不动。我们擦肩而过。它翻过身，朝我明显露出肚皮。我们一个挨着一个，眼睛对着眼睛。我不想撞到它就游开了。但是它轻轻地前进，微微地用它巨大的额隆推我。它在等我去抚摸吗？我不许自己碰它，没有回应其邀请。它看起来很惊讶，但是又保持露出肚皮的状态几秒钟，然后慢慢地，慢慢地，游了起来。我的目光落在它大幅摆动的尾鳍上，在它游走的时候陪着它游。我记下了十处不可磨灭的抓伤，那是一头圆头鲸的牙齿留下的，这可以作为辨别它的身份的永久标记。

从那天起，我们要在其他抹香鲸中认出埃利奥来毫无困难。完全不需要区别性的特征，不需要辨认留下的疤痕、白斑，要知道其行为非常特别：一头抹香鲸嚼着一根漂浮的海藻并且来展示给船只？是它。一头抹香鲸在勒内的摄像机前作滑稽相？还是它。一头抹香鲸对着我们的潜水员向导阿克塞尔·普勒多姆（Axel

Preud'homme）在游，嘴巴亲切地大张着？总是它。

一头抹香鲸把头探出水面，围着自己翻滚，扭了一下，下潜，停下，吐出几个泡泡，任凭自己慢慢上浮，用尾巴大力拍击震荡水面？绝对是它。

2014 年 4 月，我在和导演纪尧姆·樊尚（Guillaume Vincent）拍摄另一段的时候有这样的经历。埃利奥不知道从哪里跑了出来。它给我们展示了一段疯狂的"抹香鲸单人秀"，以邀请我们加入它的双人舞，一起翻滚，同步舞出最美的效果而结束。在水下面对我的时候，它就像一个淘气包一样调皮捣蛋。它像浮子一样垂直上浮和下潜。它的尾鳍大幅摆动，动作夸张，没有效率。它一会儿快速扭曲，一会儿完全不动。时间悬停了几秒钟。突然，它绕着自己疯狂打转。然后又停了下来，张开嘴，伸伸舌头。它看起来能做各种滑稽动作，即便是扭动着后退。然后忽然它消失在海洋中，就像它莫名其妙地出现一样。留下晕乎乎的我。

埃利奥到人类身边来寻找什么呢？它在自己的野性世界里完全不需要人类。它想要从人类那里得到什么呢？什么也不要。不要食物，不要保护，不要什么对它生活必需的东西。它只是来满足一下自己无尽的好奇心。埃利奥来和异族相会，不需要回报。它建立的是没有用处的关系。埃利奥为了自己的愉悦而玩耍。它有时间什么都不做，去探索新的世界。

的确，在一成不变的大海里，娱乐的机会很少。人类提供了新的机会。

动物生态学家们明确区分了习得行为和游戏行为："游戏可以定义为对于活下来而言并非必要的行为，是在没有特别压力的时候为自己而做的事。这种行为和通常的行为不一样，会重复出现并且有各种变化。这是非必要的活动，其实现花费了能量和时间，占用了为了活下去而进行的活动的精力。这些活动可以加强动物的身体能力与认知能力，但这不是游戏的目标。"[1]

*

## 游戏，无用的时间？

罗宾·保罗斯（Robin Paulos）、玛丽·特罗纳（Marie Trone）和斯坦·库查伊（Stan Kuczaj）在他们关于鲸目动物的游戏行为的杂志中[2] 认可三大种类的行为：仅用到身体动作的行为（典型如埃利奥的扭曲与翻滚），借助物体的行为和社会游戏，包括与人类在一起的行为。

随便谁在海上观察过海豚都记录下无数的跟斗、跳跃和旋转，这只能是游戏，不可能是其他：这种活动对于活下去并非必要。在拍摄《海洋》时，我花了一个星期给长嘴细吻海豚拍照。这些海豚生活在由几百头个体组成的社会。它们一起协作捕猎灯笼鱼科，那些深海的小鱼在夜里浮上海面，有几百万条，为了进食浮游生物。海豚将它们包围起来，就像牧羊犬那样，防止它们回到保护它们的深渊里去。这么打猎相当有效率，即使当所有的海豚都大吃了一顿之后，海里闲逛的其他物种，金枪鱼、箭鱼、鳐鱼来救场的时候，也能吃到饱，小鱼的鱼群似乎永远那么密集。

于是呢，当盛筵结束后，欢庆开始了：一头海豚像陀螺一般冲向天空。它飞速旋转，甩出的一束束水珠像平纹裙一样将它裹住。另一头海豚垂直冲出来，仰面飞起，划出一道非同一般的螺旋线，随后落在泡沫中。就好像它在孕育其他杂技海豚。旋转、空中翻滚、翻筋斗，银色的水珠漩涡，大海在沸腾。直到傍晚时分，海豚们快速冲击、扭曲、蹦蹦跳跳，跃向淡红色的云霞。

如此浪费能量是为了什么？不为什么。这么转完全是为了玩，为了寻开心。

当海豚们使用道具时，游戏就更明显了。这是我们在莫桑比克所见证的。博物学家安吉·格兰（Angie Gullan）研究海豚有 20 年了，她带领我们潜到数量有三百头的大海豚群（印太瓶鼻海豚，*Tursiops aduncus*）之中。

我们惊奇地观看了传海藻的游戏：一头 7 岁的年轻雌性，取名为格利弗（Gulliver），她特别灵活。格利弗发现一根漂浮的海藻，将它固定在自己的额隆上，并且尽管自己的旋转速度很快，还是成功地顶着海藻。随后她头一昂，让海藻滑到自己的胸鳍上，开始另一轮跳跃，然后让海藻往后漂去，再用自己的尾鳍将海藻钩回来。另一头海豚加入进来，她像手技演员那样用鼻子抓住海藻，三头海豚疯狂地你追我赶，这期间海藻从一个鱼鳍被传到另一个鱼鳍，就好像阿富汗骑兵在一局马背叼羊（*bouzkachi*）之中用的羊皮袋。

什么都可以被用起来，浮木、水母，甚至是鱼，都和它们原本的用处不同。

## 好奇者尘土

2014 年 7 月，我和摄像师斯特凡纳·格兰左托（Stéphane Granzotto）、帕斯卡尔·洛朗（Pascal Laurent）一起去爱尔兰西海岸，去见一头非常特别的大海豚（印太瓶鼻海豚）。相比有时在戈尔韦湾（Galway）里遇到的同类，这头名为尘土（Dusty）的雌性似乎更喜欢和人类做伴。她特别喜爱和扬·普勒格（Jan Ploeg）在一起，那是一位终其一生研究她的前人类学家。在两个如此不同的生物之间的依恋之情源自一方的好奇和另一方的激励。扬发明并且制作了一些配件来装扮自己，以便更好地和尘土一起在水里嬉戏。一天他带着背鳍而来，另一天他的手臂一端套上了一个巨大的鲸鳍翅好翻跟头。每一次，尘土看起来很高兴，并且和扬待在一起的时间长很多，就好像是为了要好好研究奇怪的新奇事物。但是每天晚上同一时间，它停下玩耍，去看船只从大码头出水。它待在一米水深处，与河岸平齐，看着拖绳在水里后退，装船，然后回到原处。随着轮子的转动，它伴以大幅度头部动作，看来这让它特别着迷。最后一艘船出水后，它在岸边又待上一会儿，随后回到外海。

尘土可以消失几个月，然后回来，谁也不知道这是为什么。它好几次接受了在远海巡游的鲸群中一头大型雄性的求爱。但不幸的是它两次失去了自己的新生儿。然后它回来在人类身旁闲逛，这是它自愿的，更不用说人类给它带来新鲜感。

在第一次和扬一起下水，并且他把我介绍给尘土之后，我自己也准备进行这些创新小游戏。第一天，扬给了我一个他那有名的鳍翅。尘土看来非常高兴有了一个新的游伴，但没有给予我特别的关注。它已经见过这个玩意儿，并且不断回去和扬一起游。次日，我捡了一个蟹钳，用它来摩擦岩石。我立马就吸引了它的注意力，以至于它撇下了扬。它无限好奇地听着空空的蟹钳撞击岩石发出的奇怪震动声。

第三天，尘土不在，没人在海里见到它。但是，我身背氧气瓶，捡了两块小的卵石当作锤子和铁砧，我把自己固定在十几米深的海底。我有节奏地用一块卵石敲

尘土过来听弗朗索瓦用卵石敲击海底的声音。

击另一块。十多分钟以后，尘土出现了。它第一次围着我绕了一圈。随后立起来，眼睛几乎贴着我的面罩，吻突距离卵石才几厘米。它用来回声定位的嘘嘘声如此紧凑，就好像是在发问。它的一只眼睛盯着我，但是很明显它的注意力集中在石头上。我停止敲击石头，给了它一块。声音没了。它看似惊讶，发出深深的抱怨，而且只在我又开始敲击卵石时才停下抱怨声。这个把戏持续了两个多小时，直到我快冻僵了，停止潜水。尘土于是陪着我游到了码头，她在那里把头伸出水面，非常坚持地前后摇晃着头，邀请我和她一起回去。

✽

## 先驱个体

许多科学家排斥埃利奥和尘土的故事，这在他们眼中不能够在数据上代表抹香鲸和海豚的生活，因此也就没有任何意义。他们对例外不感兴趣。他们在埃利奥和尘土身上看到的是异常的鲸目动物。相反，我认为这些个体更加值得研究，因为它们展示了这些物种的认知能力界限。拒绝承认在抹香鲸和海豚的大家族中有差异，就有点像拒绝承认巴赫、达·芬奇、雅克-伊夫·库斯托……那些非标准的、超出了寻常人类世界界限的人。我很乐于想象埃利奥和尘土就像库克（Cook）或者达尔文一样，寻找其他的世界、其他的生物，这是些天才，其无限的好奇心不满足于自己族类寻常的世界。

要发展这样的好奇心，需要许多空闲和没有压力的时间。尘土要找到口粮毫无困难，也没有任何捕杀她的猎人。同样，埃利奥不需要去觅食，在兄长的好好保护下，他只要懒洋洋地待在水面上即可。那么当动物们不进食、不繁衍、不休息的时候，它们在干什么呢？和我们一样，它们在玩。

我们必定要将这种时光称为空闲，因为什么都不做似乎不是一个选择。然而，因为动物们不积累财富，它们有许多自由的时间。而且它们什么也不干。动物不需要填满自己的时间，不需要给自己找理由，不需要分析、定义流逝的时间：它们只要存在就够了。需要记住的是，和我们人类相反，尽管动物们有记忆，但它们活在当下。它们不需要填充自己的时间，不需要让时间产生回报，它们不会失去时间，它们也没有时间要去消磨。因此，不应该根据我们的要求和关于流逝的时间的想法去判断它们的行为。

自然选择怎么会容得下无用之事呢？浪费时间和精力是可以接受的吗？是的，自然就是浪费的，是无限慷慨的，自然选择没有为此做任何事。它保留了促进繁衍的事，但它没有剔除无用之事。它甚至保留了残缺的器官、基因、行为，如果这些不会影响繁衍，因为它不会一个器官一个器官、一个基因一个基因、一种行为一种行为地去挑选，它选出的是一个“形态学—生理学—行为—社会”团队，而且如果这个团体成功繁衍下去，即使缺陷也会被保留。[3]

必须放弃为所有存在之事找到可用之处。

*

## 游戏，演化的发动机

就像对于孩子而言，游戏能让人变得灵巧，习得一些能力，但这不是它的第一目标。即刻的目标是过得好、愉悦和探索。

好奇心是一种个体的、遗传的观念，它可以被激励。它不是习得的，但它是学习、创新之源。一如科学家投身于没有即刻回报的基础研究中，而不是翻遍全世界去开启新的门去丰富知识，埃利奥和尘土毫无目的地探索。它们发现新事物并且记下来，这或许能让它们解决新问题（见第 8 章）。这些有利的发现可能会传递给接纳它们的族群（见第 8 章）。

探索是好奇心之女，它开启了通向创造力和创新的大门，是文化差异和物种形成之源（见第 11 章）。游戏是演化的动力之一。

# 第8章　智力？您说智力吗？

*

## 埃利奥和钓鱼钩

2016年4月5日，天气晴朗。无风。海面风平浪静。一队生态志愿者由博物学家瓦妮沙·米尼翁陪同，在潜水员于格·维特里（Hugues Vitry）的引领下，在毛里求斯岛附近海域观察歪嘴伊雷娜的族群。当船只减速，距离抹香鲸们不远时，其中一头鲸离开群体，侧着游靠过来。对于于格而言，这种姿态是一份邀请。他和三位生态志愿者下了水：

> 我马上认出了埃利奥。抹香鲸快速游向我们，嘴巴大张着。我要求同伴们后退，不要妨碍到他的航线。但是埃利奥的嘴巴张得出奇地大，用强于平常许多的坚决姿态朝着我们的方向游过来。在这种

非同寻常的态度面前，我要求所有人上船。埃利奥几乎来到船体边上，他仰着肚皮，头伸出水面，嘴巴继续夸张地张开着。随后他转身并且紧张地看了看我们。我永远不会忘记那眼神。

我们又下了水。埃利奥没有动。他的动作很轻柔，但非常坚决。为了避免接触到他，我们又后退了。但他又靠上来，发出非常洪亮的嘎吱声，这声音持续了 25 秒，他还微微推了我。于是他又一次夸张地张开了颌骨。我用手在前面推开了他。但是他又回来翻滚。这么两到三次。奇怪的是，一旦我把手举到前面，他就张开嘴，侧过身，任凭自己浮上水面。这一切持续了大约十分钟，直到其中一位生态志愿者卡伦（Karen）看见有一个鱼钩插在了他的颌骨里。

经过商议之后，我们决定不顾危险试图拔掉鱼钩。我首先把手放在颌骨上，埃利奥立马张开了颌骨。随后卡伦抓住鱼钩，试图努力拔出来。这很困难。最后，卡伦和我成功地把钩子取了出来。虽然痛，埃利奥完全保持平静，并且没有作出反应。手术完成以后，埃利奥在我们面前欢庆了半小时。他把我顶在自己的头上，无限轻巧地将我托出水面。我留下这个鱼钩作为这次震撼人心经历的纪念，这让我永远难忘。[1]

这个令人难以置信的故事提出了许多关于智力的问题，埃利奥、抹香鲸和鲸目动物总体的认知能力。两者必居其一，要么这件事是一系列幸运的偶然，即“埃利奥运气好，遇上了一群潜水的人，他们偶然发现了鱼钩，等等”，要么就像我认为的那样，必须承认埃利奥是有目的地行动，那么就要列出以下的假设：

埃利奥试图摆脱这个伤害他的鱼钩。这是一个有目的的行为。或许他之前已经求助于他的同伴们？或许他寻求过其他解决办法：摩擦一个固定物，和其他物种互动？

没能成功，他应该是调动了自己的记忆、经验、知识，这其中就有他经常遇到的潜水员们，他来到了他们面前。

野生的抹香鲸埃利奥于是主动靠近人类，这个与他不同的物种，通过非同寻常的姿态来坚决地请求他们介入，这持续了好几分钟，直到潜水员们明白过来他要给他们看什么。

随后他忍住了疼痛，在于格和卡伦给他取钩子的过程中没有作出反应。因此他忍受了暂时的坏处，以便获得将来的假设的好处。这种行为要求能控制自己的情感，很少有动物或者孩童能做到这一点。

最后，他为一个完全新颖的问题找到了一个新的解决办法。去人类那边让人把钩子取出来，这不是先天的，也不是习得的——有经验的雌性们没有教过他这一点。

✽

## 埃利奥聪明吗？

埃利奥，聪明？这个问题立马会引发本不该有的哲学的和科学的争论……的确，这个问题从本质上而言毫无意义。首先，如何定义智力呢？根据认知动物生态学博士法比耶纳·德尔富尔的观点："智力与其说是对某个特定情景之下的适应过程，不如说是作为个体特征的一种最终的适应能力。因此，智力并不以个体内在的属性而存在，这是生物的禀性和这种能力在某个环境中变现的关系所造就的。因此，一个个体有时可以显得'聪明'，而在其他情况之下则没有表现出这种潜能。智力是适应环境过程的特征，个体在这个环境中行动并且确保自己能成活。"[2]

另一方面，这个问题意味着我们在用自己的参考方式去测量埃利奥的智力，相对于我们的世界和我们的问题。然而抹香鲸的大脑演化是在海洋中进行的，那是一个和我们非常不同的时空，它们所要解决的问题和我们的社会所提出的问题相去甚远。如果歪嘴伊雷娜用其参考标准来测试我们的智力，我们看起来聪明吗？

✽

## 寻找他者的现实

因此要比较我们的智力是徒劳的。更有建设性的方法是试图像抹香鲸那样思考，沉浸于它们的客观世界，去理解它们在什么事情上是聪明的。当生态系统出现变化时，我们还可以欣赏这些动物的适应能力。

这种适应力、这种智力是值得测量的。的确，一个生命体的智力是所有思想过程的集合，这让它能适应新的情况，能学习，能理解。此外，相较于“聪明”一词，生态学家们更偏好“认知能力”这个表达。认知是把感知到的信息转换成关于环境的知识和对于这种知识的应用。它能用上所有构建知识的大脑进程：认识环境、记忆、推理、学习、表达、决策、注意、解决问题。

很难去判定动物的认知能力，因为人没有办法和它们沟通。更难的是去判定野生动物的认知能力，没法对它们进行试验，就像对人类或者家养动物做的那样。当涉及类似抹香鲸这样巨大的海洋动物就更加复杂了。

因此为了更好地评估埃利奥的智力，我们汇集了一堆比较解剖学和比较生理学的因素。我们还收集了能反映动物智力的其他野生或者圈养的鲸目动物的故事。

✽

## 海豚和鱼钩

几年以前，2013 年 1 月 11 日，（夏威夷西海岸）科纳（Kona）附近海域，一头大海豚（印太瓶鼻海豚）为了摆脱插入它的鳍里的一个鱼钩采取了和埃利奥相同的办法。它靠近了一群潜水员，他们正在晚上欣赏魔鬼鱼大吃被探照灯的灯光吸引的浮游生物。大海豚面对潜水教练凯勒·拉罗斯（Keller Laros）呈仰泳的姿态。它坚定地向他展示自己被鱼线缠住的左胸鳍。凯勒用了四分钟试图去解开鱼线，拔掉鱼钩。在整个过程中，海豚对摆弄它、用刀割断鱼线的潜水员保持安静。但是鱼钩扎得那么深，凯勒没能把它拔出来。海豚毫无怨言地忍受这个过程，只在去呼吸的时候打断他。在水面上，它去蹭一条船，又一次试图自己摆脱鱼钩，但没有成功。于是它又下潜到潜水员身边，后者最终帮它完全摆脱了鱼线。[3]

✽

## 抹香鲸和箭

2013 年 8 月 23 日，我们在执行一次统计地中海鲸目动物的行动中遇上了类似的经历，该任务由世界自然基金会法国分会的德尼·奥迪领导。一部分队员从后勤双体船上统计抹香鲸的数量，给它们拍照，德尼和摄影师弗雷德里克·巴瑟马尤斯则靠近它们，从一艘橡皮艇上去收集活组织检查法所需要的样本。

一天快结束，将近 19 点的时候，我们遇上了两群抹香鲸。它们非常平静，在一起活动。橡皮艇减速靠近了第一群鲸，其中有七头成年个体，要辨认这些动物，并且用固定在一把角镞箭一端的套管针进行活体采样。

弗雷德里克朝着最大的那头抹香鲸发射了箭。不幸的是，这种情况极其少见，带有止动器的箭在取出一块皮肤并且反弹回来的时候，钩在了抹香鲸背鳍的底部。这头鲸没有对此作出反应，继续缓慢前进。

箭从鲸的身侧挂下来。我们希望当抹香鲸下潜时箭会和它分开。德尼决定跟着这群鲸，准备在夜幕降临之前把箭拿回来。

20 点 30 分，橡皮艇的发动机在减速，船慢慢朝抹香鲸靠过去。距离几米远。突然，那头大抹香鲸转过身，面对船只。它靠上来。其他四头抹香鲸也转身了。小船被包围了：一头抹香鲸在左舷侧面，一头在左舷后方，两头在右舷后方，最后还有两头在右舷前方。被箭射中的抹香鲸滑到橡皮艇右舷的轮缘处。弗雷德里克回忆道：“我们和动物有了接触。我蹲下来。我伸出手臂，抓住了箭。我猛地一拉，但是箭没有被拔出来！我很惊讶，担心动物会有激烈的反应。它只要动一下尾鳍，就能够把船打翻，给我们造成严重的损失。但是它一动不动。第二次的时候我成功地拔出了箭。于是抹香鲸同样平静地离开了，其他鲸也跟着游走了。这让我难以相信。我之前害怕抹香鲸会对疼痛作出激烈的反应……但什么也没有！只有令人难忘的幸福时刻！”[4]

因此，野生的鲸目动物向人类求助，解决它们自己解决不了的新的复杂问题。这三个不同动物的相似故事（还有很多其他类似故事[5]）发生在不同的海域里，仅仅是偶然吗？除了出于深刻的思考，如何解释这些行为呢？

更厉害的是，鲸目动物们还能够使用甚至发明工具，自己来应对复杂的问题。

✽

## 它们发明工具

今天我们知道发明工具并非人类所特有的。能人（*Homo habilis*）被和露西（Lucy）同时期的一只南方古猿赶下了宝座。确实，2011 年 7 月 9 日，索尼娅·阿尔芒（Sonia Harmand）教授的团队发掘出了 330 万年前的石器工具。[6] 但是如果这些能抵御时间的石头工具带我们回到了人类出现之前的 700 000 年，什么动物会第一个制作出木头工具呢？

或许鲸目动物远在人类出现之前就使用过或者发明过临时的工具。

这是如今的鲸目动物展示给我们看的：40 多条沙克湾（Shark Bay，澳大利亚西海岸）大海豚为了保护自己的吻突不受珊瑚碎片（那里藏着它们的猎物）所伤而找到了一个机智的办法。它们去礁石上选择海绵，而且不是随便什么海绵。它们拔出 20 多厘米长的锥形海绵，像手套一样套在自己柔软的吻突尖端。随后它们出发去比较深的碎屑地带捕猎，那里藏着它们最爱的食物：中斑拟鲈（*Parapercis clathrata*）。吻突被好好保护起来以后，它们就去刮底。它们只需要吞下被惊扰而逃离藏身之地的鱼儿。随后它们收回为了进食而放下的海绵，继续捕猎。有些海豚甚至在休息阶段还保留着珍贵的工具，这样以后捕猎的时候还能再用上。[7]

克里斯特尔里弗（Crystal River）和佛罗里达湾（Florida Bay，美国佛罗里达）的大海豚们做得更好。为了捕到鱼，它们暂时建网（那是一串网，引导鱼儿进入一个小空间里出不来）。五六条海豚一组在含淤泥的水底捕猎，那里经常有鲻鱼出没。其中一条一边飞快地游，一边用自己的肚皮刮蹭水底，用自己的尾巴掀起一阵厚厚的泥云。它划出一道大螺旋包围住鱼群。受惊的鱼儿们不敢穿过泥坝，被引入螺旋之中。为了逃离陷阱，它们除了跳出水面之外别无他法，这样就直接跳进了聚集在周围的海豚的嘴里。这个方法特别有效，其他海豚在鱼儿们会跳起的地方待着。发明、商议和协作让这些海豚几乎不费力气就能进食。[8]

阿拉斯加东南部的座头鲸（*Megaptera novaeangliae*，又称大翅鲸）在水中捕猎鲱鱼，它们不能设立淤泥陷阱。但是没有关系，它们建一个泡泡陷阱。2008 年 6 月，我们拍摄了这种奇特的集体捕猎，可以有 20 多个个体参与。要想这种操作给每个个体带来好处并且有效的话，应当完美协调。两头鲸看似是领队："制造泡泡的"和"狂吠的"。前者将鲱鱼鱼群关在一个泡泡圈里，那些鱼儿不敢穿过这个圈。这种泡泡网用起来就像地拽网一样把鱼关起来。第二头鲸唱出有节奏的歌，越来越尖锐、越来越响，把鲱鱼赶入泡泡网里，就像一条牧羊犬把羊赶入羊圈。这些曲子包括 5 至 30 个不同的短句，还告诉其他鲸马上要发动的攻击。

在最后一次呼唤的时候，所有的鲸在水下泡泡网下方集结，垂直上浮，它们互相挨着，嘴巴张开。就这样，躲避中央那头鲸的攻击的鲱鱼就被侧面的鲸吞噬了。

但是鲸在冲出水面的那一刻，给人留下的印象是令人惊愕的。以下是我在 2008 年 6 月 15 日晚上写在日记里的：

阿拉斯加，查塔姆（Chatham）海峡。北纬 58°6′，西经135°9′。一阵有节奏的、针扎似的呜咽声在查塔姆海峡平静的水域中扩散开来。这旋律慢慢变尖，强得令人难以置信。镜子般光滑的海面爆出泡泡，出现一道长长的螺旋线，这里面的水开始沸腾起来。一些鲱鱼冲出了水面。突然，玄武岩一般黑的山峰淋着泡沫从浪花里涌现……一开始我们没能明白这些“山”是什么。随后我们发现这些火山山顶、这些水在其中打转的凹陷，是鲸张大的巨大颌骨：16头座头鲸冒出水面，露出鳍，16个巨大的头，16个吞噬海水的大喉咙。嘴巴又闭上了。咽喉处极为松弛的条纹收缩起来。水通过鲸须喷出来。鲱鱼被吞了下去。活动的岛屿又回到水面下，留下一个翠绿的大漩涡。

几秒钟以后，鲸目动物们又开始呼吸。它们大声呼气，给早晨的空气蒙上一层雾气。伴随着喷气孔打开和空气射出而产生的震耳欲聋的噼啪声在我们周围响起，就像远处枪声大作。随后其中一头鲸的尾鳍指向天空，垂直下潜，其他所有鲸都跟上了。船上的水听器里又响起低沉的切分音歌声。鲸又开始捕猎了。它们是从哪里出来的呢？在泡泡中间吗？在右面？在左面？

鲸没有意识到它们激起的情感，又出现在距离我们的小船几米远的地方！同样的爆发。同样的地动山摇。同样顺着鲸须喷出来的瀑布。同样接近大象或犀牛叫声的大声呼吸。同样给人以小矮人在泰坦巨人餐桌旁的印象，面对的是超出控制的力量。

鲸在这里大吃大喝，在阿拉斯加就像在任何别的地方一样。它们大口吃鲱鱼，一次又一次，直到晚上。[9]

✻

## 逆戟鲸：战略协商

鲸目动物们制定非常有效的捕猎技术，这需要所有参与者的完美协作。更厉害的是，它们能够在短暂的商议之后，让它们的战略适应环境条件。

新西兰生物学家英格丽德·维塞尔（Ingrid Wisser）在南极水域中拍摄到了一群约有六头逆戟鲸试图抓获躺在一块漂流浮冰上的食蟹海豹。

海豹在它漂浮的避难所正中央，难以接近。逆戟鲸围绕着浮冰聚集起来，把头探出水面去看海豹在冰上的位置。一头几个月大的年轻逆戟鲸陪着兄长们并且模仿它们。在观察了几分钟以后，逆戟鲸看似放弃了并且离开……这是为了更好地回来。它们同心协力朝浮冰冲去，用完全同步的尾鳍大力一击，掀起一股浪推起了浮冰。尽管浮冰晃动得差点失去平衡，但海豹还是成功地待在了冰上。逆戟鲸再一次试图让海豹滑入水中。随后两次都失败了。海豹在它漂浮的避难所上难以接近。于是逆戟鲸看起来在商议。随后，所有的鲸一起轻轻地把浮冰推向大海，到一个离开其他碎冰的地方去，那些碎冰让它们没法施展开来。

下一次进攻胜利了：巨大的海浪淹没了冰船。滑入水中的海豹立即被抓获。逆戟鲸和海豹消失在海洋深处。惊人的是，几分钟以后逆戟鲸轻轻地将它还活着的猎物放到了冰上！[10]

对于科学家英格丽德·维塞尔而言，毫无疑问：这是一种学习。最有经验的成年鲸训练年轻的鲸狩猎，这需要合作和极大的协调。逆戟鲸尤其表现出坚持不懈，以及它们的分析能力和适应没有预见到情况的能力。

*

## 两个更好

这种通过商议来设定一个策略的才能被海洋哺乳动物行为和认知实验室主任斯坦·库查伊博士在从未经历过大海自由、出生在水池里的“家养”海豚身上充分展示了这种通过商议来设定策略的才能。在拍摄《巨人的星球》（*La Planète des géants*）[11] 的过程中，斯坦向我们讲述了其中几个了不起的经历，以此来证明海豚能够通过商议来找到解决办法：

> 在海豚眼前，我将一些鱼关在一根 PVC 管子里，管子两端都用塞子塞住。要打开这个管子，就要去拉固定在每个塞子上的细短绳。我把管子给了海豚，海豚没有手可以去拿管子，也没法拔掉塞子。这头海豚于是向一条同类求助。它们交换了一系列的鸣叫声。随后，两头海豚各在一边拉一根绳子，它们打开了管子，吃到了鱼。

✽

## 一个非常大的脑子，非常复杂

凸显鲸目动物认知能力的例子还有很多。但是神经生理学家们对此是怎么说的呢？他们中有些人认为大脑的体积和认知能力成正比，另一些人说脑回路很重要，还有一些人则认为只有神经连接的数目是重要的。

的确，如果仅仅靠称重或者同级神经元的数目，我们很难找到自己普通的大脑和爱因斯坦、莫扎特或者甘地的大脑之间的区别。此外，最近李·伯杰（Lee

Berger）团队在南非发现的纳莱迪人（*Homo naledi*）化石——一两百万年前的一种新人类——启示（我们）极小的脑容量（约 500 立方厘米）也能进行墓葬仪式。[12]

在大脑方面，鲸目动物相对发达。抹香鲸的大脑是所有现存生物中最大的：7.8 千克重，8 000 立方厘米，比大象脑子的体积大 60%，比人类大脑重 5 倍。其皮质化率，也就是大脑的质量除以身体的质量，是 1.28，这就意味着抹香鲸的大脑比其体型预期大 1.28 倍，而人类的大脑则比其预计体型大 7 倍。[13]

*

## 发展中的认知

但是神经生物学专家洛里·马里诺（Lori Marino）[14]提醒说，灵长目和鲸目走的是不同且平行的智力发展道路："在陆地和海洋这样不同的环境中 5 000 万年的演化导致了两种不同的增加脑能力的道路。参与所谓'高级'功能（空间推理、意识和语言）的新皮层在鱼类和两栖类中是缺失的，在鲸目动物中却特别发达。鲸目动物的新皮层比人类大脑的新皮层更加精细，但它所占的表面要大得多，因为其脑回路要深许多。此外，鲸目动物的皮质化可能在 3 500 万年前就开始了，也就是说远早于灵长目勉强在一百万年以前开始皮质化的时间。这就意味着，在我们的海洋星球上，在几百万年间，最为聪慧的动物曾经是鲸目。”

认知能力的演化是一个连续并且披荆斩棘的现象。在人类和其他动物之间不存在间断，没有智力的突飞猛进。动物生态学提出认知的演化过程，这说明每个物种都有不同的认知历史。每个器官都有其生态学和生活方式，有自己的客观世界去决定所需要知道的和为了生存所需要发展的智力。[15]

抹香鲸、青蛙、乌龟的客观世界截然不同，因为它们对时空的感知是不同的。而且在这种物种间差异上，还要加上个体差异。的确，“个体对世界的认知是自己的经历决定的，其能力是通过每个个体对于自己环境的体验而构建的。个体和它的世界之间这种相辅相成的环形关系持续构建了其对于世界的智力！因此，每个个体在行为中学习，又根据自己所习得的去实践。感知和行动之间的结合催生了主观世界。”[16]

洛里·马里诺尤其强调，鲸目动物的大脑呈现的旁边缘结构比人类大脑的要重要许多。然而，用作新皮层和异源皮层过渡区的旁边缘皮层“组成了大脑结构的一组互相连接，用于处理情感、建立目标、动机、自控，尤其是社会关系的功能”[17]。另一方面，抹香鲸的大脑就像其他鲸目动物、大猩猩、大象和人类的大脑一样，在前扣带皮层里具有非常丰富的“冯·埃科诺莫神经元”

(neurones de von Economo)。[18] “这些纺锤形神经元似乎对智力行为、情感控制、注意力和解决复杂问题的能力的发展至关重要。更有意思的是，这些神经元只在出生以后才出现，而且其寿命很大程度上取决于周围和社会环境的丰富程度。”[19]

最后，在神经科学领域取得重大突破的现代技术或许能像对猴子大脑所做的那样，呈现鲸目动物的大脑中那些著名的镜像神经元。这些神经元通过模仿学习和例如共情这样的情感过程，似乎参与了社会认知。的确，这些神经元在动物观察到另一个个体时被激活，就好像它自己执行了动作，就好像它将自己置于对方的位置。[20]

我们不去下什么结论，但是这些因素似乎在指出，抹香鲸的大脑确实拥有我们所观察到的相当特别的认知能力发展所必需的结构。埃利奥和其他野生鲸目动物的行为似乎证实了这一点。

✽

## 我们和抹香鲸有何共同之处？

尽管大脑结构不同，鲸目动物是否和人类一样拥有自我意识？它们能进行抽象思维吗？它们能搜寻自己的记忆、预测未来吗？它们能共情吗？

很难知道野生动物是否拥有自我意识。不过，镜子测试被用在池中的抹香鲸身上，来看看它们能不能认出自己，又或者像大部分动物那样把自己的镜像当作不速之客。为此，研究人员在动物的头上放一个彩色的标记。假如它没有认出自己，它就不会作出反应。相反，假如它认出来了，就会很激动地试图拿掉那个标记。海豚（瓶鼻海豚，*Tursiops truncatus*）还有逆戟鲸（虎鲸，*Orcinus orca*）成功地通过了测试，由此证实了它们对自己的身份有意识。[21] 对于"动物认识自己吗"这个问题的回答并不是非黑即白，而是能渐渐激发动物的认知能力。[22]

然而，假如说成功通过这个测试证实了对于自己身份的意识，失败并不说明主体就没有自我意识。其实，许多活物并不通过视觉来察觉自己的身份，而是通过其他感官：嗅觉、味觉、听觉、触觉，等等。一个盲人很难通过镜子测试，但没有人怀疑他有自我意识。

至于埃利奥，他看起来很有可能意识到自我，因为他去另一个截然不同的个体（他者，*Autre*）那里寻求帮助。因为，就像鲍里斯·西鲁尔尼克（Boris Cyrulnik）提醒的那样，"首先要有自我意识，认为自己和其他所有人不同，他者的概念才能出现、成立"[23]。

人类对自己所知道的和不知道的有意识，这称为元认识（métacognition）。这种"对自己的思想进行思考"的能力在海豚（宽吻海豚属，*Tursiops*）身上被证实了，试验如下：研究人员让一条海豚听不同频率的声音。他让它在频率低于 1080 赫兹时按一个按钮，如果高于这个值，则按另一个按钮。当频率和 1 080 赫兹相去甚远时，海豚的回答极快。但是当频率为 1085 赫兹，也就是说和界限非常接近时，它拒绝回答，或者如果给它另一个选择，一个“不选择”的第三按钮，它立即就按下去。海豚不想冒险做出错误的回答，这证实了它意识到自己不知道。[24]

抽象思维的能力要求调动储存在自己记忆中的信息，这在当下环境中是不存在的。这就是埃利奥遭到鱼钩之苦痛，并且周围只有同类和空空的海洋的情况。为了找到解决鱼钩带来的痛苦的办法，埃利奥调取出和潜水员们在一起的过往经历，潜水员并不在它当时所处的环境中。随后它必须基于自己过去和潜水员的关系来想象他们的精神世界。最后，埃利奥必须假定人类有能力解决它的问题，来得出以下的结论：“此刻不在场的潜水员们，我以前遇见过他们，似乎很关心我，或许能够做到我做不到的事情。”用鲍里斯·西鲁尔尼克的话来说，埃利奥“不仅仅生活在反射适应的世界之中，它生活在过去和未来的景象之中”[25]。

为了获得更好的未来，埃利奥能够抑制自己原始的情感。大部分动物无法脱离背景想起事情，只是满足于对自己周围的事情作出反应。它们的大脑不具备脱离环境的能力。相反，埃利奥有一个可以脱离即刻刺激的大脑，并且可以进行抽象思维：一个去语境化（*décontextualisateur*）的大脑。它回到过去，为了预测未来。

埃利奥没法解读人类的思想，但是它似乎赋予他们不仅仅其他海洋生物所没有的才能，而且更重要的是，认为他们对它是善意的。这种对于他人的精神状态做出评价的能力被西蒙·巴龙-科恩（Simon Baron-Cohen）称为“心智理论”。[26] 这是理解他人意图的能力，因此在遇见他人的行为以后去合作或者谈判，因为自己对他人所想、所欲、所要有所直觉。埃利奥是否能够考虑到他人，考虑到潜水员的想法呢？

通过回忆和潜水员们的相遇，去见他们以期未来更好，埃利奥做了一次现在时间以外的旅行：它搜索了自己的过去，并且将自己投射到了未来。这叫联觉（chronesthésie）。但这次时间旅行似乎无法超出它自己的经历、它自己的生活。相反，人类似乎是唯一能够做时间旅行并且超出自己寿命的动物。他们似乎是唯一参考他人经验、根据几千年以前的时间行动和思考的动物——宗教庆典就是很好的例子：人类庆祝基督的降生或者死亡。同样，他们能够将自己投射到非常遥远的未来。而动物们只能够对季节重复的周期作出回应，比如准备过冬。但和我们相反的是，它们无法想象当人类有一百亿人口或者当再没有人类时地球会是什么样子。

人类看来的确是唯一一种能够想象并且描绘非现实的动物，能发明居住在火星上的龙和小绿人。人类是唯一一个能够相信非现实的，唯一一个探索自己在宇宙中位置的，唯一一个问出“为什么”这个问题的。

人类是唯一一个关心他人，分享他们的情感，将自己置身于他人的位置，也就是说拥有同理心的吗？但是，如果不去分析可能源于共情关系的利他行为，如何才能知道抹香鲸是否共情？

因此，鲸目学家罗伯特·皮特曼（Robert Pitman）曾见证过抹香鲸戏剧化的利他表达。那是1997年10月，在加利福尼亚海岸附近水域。9头抹香鲸被35头逆戟鲸袭击：

> 在四个小时的观察中，逆戟鲸，成年雌性和某些年轻个体，一波又一波四五头一起攻击。它们的策略：伤害对方并且立即走开。尽管体态很大，抹香鲸似乎被吓到了而且束手无策。它们唯一的策略就是聚集在一起，头挨着头，尾鳍朝外，用尽全力拍打。这个队形被称为“玛格丽特雏菊”，因为抹香鲸们似乎排列成花瓣的形状。尽管有集体防御，逆戟鲸还是成功孤立了一头抹香鲸。直到那时都没有参与袭击的雄性逆戟鲸给离群的受伤的大型抹香鲸致命一击。另有两头成年抹香鲸试图将受伤的个体

带回“玛格丽特雏菊”里，它们暴露了自己。徒劳，不仅仅被孤立的个体被杀并且被吃掉了，两位拯救者也受了重伤，甚至可能是致命伤。这两位拯救者为了帮助一名同类冒着生命危险离开保护它们的群体，这表现出利他主义，并且很有可能是共情。[27]

大猩猩、大象、海豚、埃利奥和抹香鲸启示我们：演化是不间断的，它把人类置于丰富的生物物种之中。人类既不更高级也不更低级，但是与其他物种不同，并且无疑能够脱离当下现实进行抽象思考，这是任何其他物种似乎都无法做到的。

# 第 9 章　集体的温情

*

## 抚摸、再抚摸

在清晨的阳光里出现了银子般的吹气。又有一处在水面出现，随后还有一个对着我们，就在黑色的头左前方 45°的地方。在船只尾部响起一阵阴沉的轰鸣声。毫无疑问，这是我们的抹香鲸朋友在一个接着一个冒出来。呼吸变少了。巨大的动物们漂浮着，就像树干一样不动弹，海浪撞上去便消逝了。潮湿的背脊在太阳下闪着光。树干令人难以察觉地在靠近。它们有 12 头左右，互相距离几米远平行地游着。在夜里费劲的潜水之后集体休息。水里一点咔嚓声都没有。我们的船上也没有声音，我们远远地观察着，不去打扰这个完全宁静的时刻。

我们认出了瓦妮沙白色的背鳍，它是这个团体的女家长。那头在它右边游的大型雌性很可能是德尔菲娜。

社会化：抹香鲸在一起身体互相轻轻触碰。

白斑稍稍在后面，它如今几乎和它母亲一样庞大。其他的鲸太远了，我们不下水没法辨认。在太阳升起、温暖身体的时候，时间仿佛停滞了。很快，大海呈现出清澈的蓝色。

瓦妮沙悄悄地上路了。所有其他抹香鲸都朝它涌去。它们聚集起来，头挨着头，身体挨着身体：密切的配合开始了。

我们等的就是这个时候，我们下水加入它们。

怎样才能描绘我们面对的巨兽：它像多头蛇那样有十个头，像海妖的手臂一般有十个身体，还有十个能产生泡沫漩涡的鳍。但是巨兽的动作缓慢而精细。肚皮相互触碰，肋骨互相轻轻摩擦。一个大得不成比例的嘴张开轻轻咬着一个鳍。

在这个相互簇拥的群体中，一切看起来都是享乐。

一阵强有力的咔嚓声从互相缠绕的身体里发出。埃利奥和白斑，我们的两位最好动的青年雄性从群体里冒出来，面对面，额隆顶着额隆……它们两个都呈勃起的状态。它们似乎想要打上一架。但是和平立即又回来了，而且在重获的静默中，两头抹香鲸又一次被巨大的身体咬住了。

最后，由于某种未知的原因，这个巨大的团体瓦解了。每个个体都找回了自己的身份。

每头年轻的鲸回到自己母亲身边，轻轻地将自己的喷气孔贴住哺乳裂口：阿蒂尔和歪嘴伊雷娜、埃利奥和阿代莉、罗密欧和吕西、白斑和德尔菲娜。最后，瓦妮沙和热米内，并肩而行。一对对鲸在大海中散开。

聚会经历了20分钟。这些日常的绝妙抚触似乎对于抹香鲸而言就像进食和呼吸那样必要。若非通过触摸，它们能表达什么如此重要的东西呢？这些嬉戏的深层含义是什么呢？温情地缔结亲属关系？体验团结并且维持它们的社会关系？又或者只是分享一段愉快的时光？

抹香鲸的社会看起来无限平静。当我们可以把几百次和平关系的观察汇集到一起，发现其冲突的互动非常之少，而且这些只涉及繁殖期的雄性。有些不准确的描述可以追溯到猎鲸时期。它们是否带有幻想，又或者正好相反，它们描述的是一个过去的时代，那时的抹香鲸数量众多，成年雄性之间的冲突难以避免？

哈尔·怀特黑德教授在他杰出的著作《抹香鲸：海洋中的社会演变》[1] 中讲述了他唯一的一次观测经历，那是2000年7月21日，在智利附近海域：

> 一头长16米的成年雄性非常近地陪着一头年轻的雌性，雌性长9.5米。突然在它们面前约300米的地方，冒出一头非常大的雄性。它飞快地朝它们游过来，用它的尾鳍猛烈地拍击海面。两头雄性接触了，两头鲸都在拍击海面。我们从远处看到一头

鲸的尾鳍在另一头鲸的颌骨里。它们立即分开了。此次接触至多持续了15秒钟。其中一头雄性快速离开，另一头雌性与当时出现的一头青年鲸待在一起……晚些时候，我们看见有一头雄性的头上有深深的新伤口，但并不确定那就是战斗者之一！

怀特黑德强调说此类观测之所以罕见，有两个因素：战斗的例外性和短暂性。

就我们而言，我们从来没有观察到争斗，但的确大型雄性在毛里求斯岛水域数量很少。我们也可以猜想，就像倭黑猩猩那样，冲突是不是被抚触和性关系给消解了。

其他社会化巨兽，其母系社会也一样复杂和团结，也表现出身体接触和触觉交流需要的是大象。因此，根据博物学家马库斯·施内克（Marcus Schneck）的说法：

大象是极为触觉化的动物。它们有意识地用自己的长鼻、耳朵、象牙、脚、尾巴，甚至是整个身体互相触碰。大象的社会幸亏有了非常触觉化的生活方式而得以维持，这是围绕着珍贵的象鼻展开的。仪式化的招呼从脸颊、太阳穴的触摸开始，随后是用象鼻去碰生殖部位。母亲和孩子花很多时间在互相抚摸上。家庭的成员们经常停下自己白天的活动，

> 温情地互相触碰。一个群体中的成员在丛林里相遇了，会停下一会儿交换抚触。[2]

当我们人类想到“抚摸”，我们立即想到我们的手。大象呢，更喜欢用自己的象鼻。抹香鲸既没有手也没有长鼻，就用自己的身体，整个身体。或许我们应该去抹香鲸的真皮里去寻找帕西尼氏小体（corpuscules de Pacini），那是对于压力和震动极为敏感的机械感受器，在大象的长鼻和脚掌，还有在人类的手指里数量众多。现有的关于表皮细胞和真皮系标之间的沟通研究显示，抚摸能在真皮细胞中激发分泌内啡肽。当皮肤暴露或者脱皮严重的时候通过抚摸来刺激非常有效。然而，抹香鲸在这些大面积接触中脱皮相当厉害。

有些人可能认为，抚摸是一种原始的、有点粗野的沟通交流方式。这难道不仅是因为我们的文明礼仪放弃了触觉交流，采用语言、写作、虚拟的交流？克制而仪式化的身体接触让我们失去了触觉传递的丰富性，然而它却能强有力地表达我们当下的感受。

此外，假如生活的目标不是积累和传递财富，而是当下世界中的安好，就像抹香鲸的情况那样，那么在满足了生命的基本需求之后，抚摸就成了最为重要的动作。

假如我们思考一下，哪句话、哪首诗能表达一次抚摸所表达的？什么字眼能比身体接触更好地分享我们的情感？我们可以建立一个没有语言的社会，但是能够产生没有身体接触的社会生物吗？很可能不。要知道，母亲和孩子的肉体接触是关键的、本质的，而那时候还没有哪个词能够被理解。

*

## 族群比个体更重要

或许这些身体接触在没有亲属关系的个体之间缔结了母亲和孩子之间一样紧密的联系？如此一来，一种坚不可摧的团结性有时会促使那些没有亲属关系的个体去作出牺牲，就像罗伯特·皮特曼在观察抹香鲸被一群逆戟鲸攻击时所看到的（见第8章，第127页）。两头抹香鲸自愿离开了团体的保护，去帮助自己的同类，这违背了它们当时的利益，和为了幸存而留在群体中相反。

这种团结很可能在其他场合表现出来，但是，一如大部分抹香鲸的生活都在海渊中，我们今天还没法观察到。一位美国鲸目学家，戴安娜·让德龙（Diane Gendron），成功地在抹香鲸身上安装了微型摄像机。那些令人惊讶的画面揭示出鲸目动物一起狩猎，有时它们会身体接触。这是协作？是分享？

我曾多次研究过的（阿根廷）瓦尔德斯半岛（Valdés）的逆戟鲸不仅表现出强大的集体智慧，还有出色的团结力。一头成功抓住海狮的逆戟鲸不会独占海狮。它不仅和还不能狩猎的年轻个体分享，还和族群中其他成年雌性分享，那些雌性在一边保护它们。当猎人自己不吃而贡献出猎物的时候，这种团结性就被推到了极致。[3]

✻

## 物种间的团结

抹香鲸、逆戟鲸和所有齿鲸非常社会化，它们不是唯一表现出利他主义的动物。即使是社会结构松散得多的须鲸亚目都表现出团结，就像许多观察报告所表明的座头鲸救助其他鲸类一样。专业观察鲸目的“海狼二号”（SeaWolf Ⅱ）船船长约翰·迈耶（John Mayer）讲述道：

> 2012年5月3日，我们在（加利福尼亚）蒙特雷湾（Monterey）观察灰鲸（*Eschrichtius robustus*）。我们看见九头迁移的逆戟鲸攻击一位母亲及其幼鲸。母亲拦在进攻者和它的孩子中间。它一边用身体掩护，一边时不时将自己的新生儿托举出水面，好让孩子在捕食者的冲击下依然能够呼吸。逆戟鲸知道自己没法杀死母亲，就试图分开这一对。突然，两

> 头庞大的座头鲸（大翅鲸，*Megaptera novaeangliae*）靠过来，用自己的尾鳍猛烈地拍击海面。座头鲸过来接触灰鲸，为了保护甚至不是自己族类的幼鲸，将自己置于危险之地！大约一个小时以后，尽管成年鲸付出了努力，逆戟鲸还是杀死了幼鲸。精疲力竭的灰鲸母亲躲到另一条船边，那条船上的鲸目学家阿莉莎·舒尔曼-雅尼格（Alisa Schulman-Janiger）发表了此次观测。尽管幼鲸死了，座头鲸们还继续针对逆戟鲸发起攻击。每次它们上浮呼吸，都非常响亮地吹气，就像是喇叭发出的声音。很快有另外三头座头鲸加入了它们，或许是受到战斗者们发出的号角之歌的号召。在长达七个小时中，座头鲸们持续与试图吃掉新生儿尸体的逆戟鲸纠缠……[4]

座头鲸从这次令人难以置信的冒险中能获得什么好处呢?

洛里·马里诺博士认为这些座头鲸表现出非常高等级的敏感度和对于他人的关切。这种物种间的利他行为和鲸类大脑中存在冯·埃科诺莫神经元直接相关（见第8章），这些神经元是共情的基础。

即使是一般情况下全然不喜欢身边有海豚的抹香鲸，也能够对海豚表现出团结。2013年，鲸目学家亚历山大·威尔逊（Alexander Wilson）和延斯·克劳泽（Jens Krause）在亚速尔群岛追踪过一个抹香鲸家族，它们接纳了一头具有严重脊柱侧凸的大海豚。[5]

✲

## 救援的海豚

我们能举出很多例子证明鲸目动物对于其他哺乳动物，包括对人类所遭受的痛苦或者面临的危险很敏感。在（新西兰北岛）旺阿雷（Whangarei）附近海域和女儿还有两位朋友出海游泳的游泳教练罗布·豪斯（Rob Howes）讲述了在受到白鲨威胁的情况下，他们是怎样被海豚保护的：

> 海豚突然来了。我以为它们想要玩。它们开始围着我们游成一个越来越小的圈，把我们聚在里面。我试图离开这个群体，但是两条海豚把我带了回去，正在这时我发现一头长 3 米的大白鲨正朝我游过来。我往后一跳。它距离我 2 米不到。把我们聚在一起加以保护的海豚待了 40 分钟，直到白鲨放弃。最后，我们游了 100 米回到沙滩边。[6]

还是在新西兰，1983 年在托克劳（Tokerau），一群海豚来救援一群在退潮时搁浅的圆头鲸（长肢领航鲸，*Globicephala melas*）。为了不让它们死去，村民们竭尽全力，往鲸身上泼水，安抚它们，一直到海潮重新涨起来。但即使是在这个时候，圆头鲸似乎都无法朝海里游去。在附近海域巡游的海豚们甚至来到了浅水区，将自己置于危险之中。随后它们集结起来，带领圆头鲸游向大海，因此救下了 80 头鲸中的 76 头。[7]

大批活体鲸目动物搁浅主要涉及抹香鲸和圆头鲸这两种最为社会化的物种。除非例外，鲸不会大批搁浅。在相反的情况下，就像 2015 年 6 月，在巴塔哥尼亚（Patagonie）岸边搁浅的 305 头北极鲸（*Balaenoptera borealis*）死于海上，随后洋流将它们的尸体带到了沙滩上。抹香鲸和圆头鲸呢，它们会活生生地搁浅。在搁浅的抹香鲸名单（*List of Sperm Whale Strandings*）网站上，一次搁浅的平均数量为 5 至 10 个个体，但有时数量会多很多，就像 2017 年 2 月 9 日那天，超过 400 头圆头鲸（长肢领航鲸，*Globicephala melas*）在新西兰戈尔登湾（Golden Bay）的费尔韦尔沙嘴（Farewell Spit）沙滩上搁浅。动物们经常固执地要与在沙滩上濒死的那些同伴会合，而人类则试图将它们引向大海。为什么这些动物大批地搁浅呢？为什么它们已经被带去大海，又回来送死呢？大批搁浅是社会依存的表现吗？

族群是否比个体更重要，以至于在同伴们死后，个体不愿再活下去了吗？对于抹香鲸或者圆头鲸而言，存在仅限于家庭之中，就好像同一具身体里的器官吗？

*

## “社会脑”，生态必需品吗？

作为抹香鲸，作为圆头鲸，就要首先成为族群的一部分。这就要发展集体智慧，其协同作用要远远胜于个体智能。这种集体的力量可以强加于抹香鲸，它们所征服的生态位没有给它们其他选项。

5 500 万年前，当鲸目动物的祖先还生活在陆地上时（参见第 1 章，第 12 页），它很容易就能将后代藏在洞穴或者矮树丛中躲开捕食者。但是在这个新的领地，在远海上，没有地方可以躲避，那要怎么办呢？鲸目动物们必须找出办法来保护自己的新生儿不被捕食者（吞噬）。每个物种都有自己的策略：座头鲸寸步不离新生儿，直到它断奶并且足够强壮能够去富饶的极地水域为止，这就要求它在热带水域中斋戒八个月。在水面上狩猎期间，年轻的海豚和逆戟鲸不会离开它们的兄长。

然而，年轻的抹香鲸呢，它没法跟着母亲到深海去猎食一个小时的乌贼。它和母亲分离，有时距离好几公里，以至于遇上危险时，母亲因为没法在 20 分钟内赶回来而救不了它。唯一的保护来自族群中的其他成员。唯一的办法是族群的团结，全然、必然、绝对。

副边缘脑区专门负责情感控制和社会凝聚力，其重要性不言而喻，抹香鲸喜欢日复一日地在集体爱抚中培养这种智慧。

# 第 10 章　咔嚓声组成的对话

*

## 德尔菲娜和瓦妮沙的对话

“咔嚓——咔嚓，——，咔嚓——咔嚓——咔嚓——咔嚓——咔嚓——咔嚓”：一段 2 + 6 咔嚓声，这是独特的表达，属于歪嘴伊雷娜族群特征话语的咯哒声。

我们经常能听到，却从来没有认真去聆听。但是 2016 年 3 月 30 日早晨，阿克塞尔、韦罗妮克（Véronique）和我见证了让我们深思的一幕。我们在水面附近游，仔细观察静谧的深处，在我们脚下 15 米的地方，抹香鲸们像插蜡烛一般沉睡，我们统计它们的数量。在远处的水面上，两头成年雌性间隔几米在一同游着。我一眼就认出了她们。那是德尔菲娜和瓦妮沙。她们经常在一起，看起来关系相当密切。突然，德尔菲娜打破了大海的寂静，发出一串非常响亮的八下咔嚓声。随后，又安静了。德尔菲娜重复了一次同样的八下咔嚓声：同样的节奏，同样的强度，同样的声调。她看来明确是在叫瓦妮沙。那不是用作回声定位的咔嚓声（参见第1章），而是一种咯哒声，一串标志性、标准化的咔嚓声，一种抹香鲸用来交流的信息。

惊人的事发生了，瓦妮沙作出了答复。相同数目的咔嚓声，同样的发射节奏（2+6 咔嚓声），但是音色不同。两头雌性于是开启了回声对话，其中一头刚发出第一下咔嚓声，另一头就开始轮唱。德尔菲娜现在在仰泳，靠近了瓦妮沙，这样的二重唱就更令人惊奇了。她滑到了瓦妮沙下方，肚皮贴着肚皮，生殖裂口贴着生殖裂口。两头鲸继续轮番二重唱，这样持续了30多秒钟。

但事情还没有结束：远处突然传来另一串咔嚓声。这一串咯哒声没有八下咔嚓声，而先是一串非常紧凑的咔嚓声，随后是七下咔嚓声。另一头我们尚且没法辨认的抹香鲸很快闹哄哄地游过来。

白斑，尚未成熟的雄性，向着瓦妮沙冲过来。他对她发出了一连串雷鸣般非常紧凑、强有力的咔嚓声，并且尾巴激烈地一个侧甩。在这样的攻势下，瓦妮沙离开了德尔菲娜，在白斑一串串咔嚓声的陪伴下和他游走了。

这些声音的表达还很神秘，我们努力去发现其意义。我们知道什么呢？在接下来的这些年里我们能希望理解什么呢？

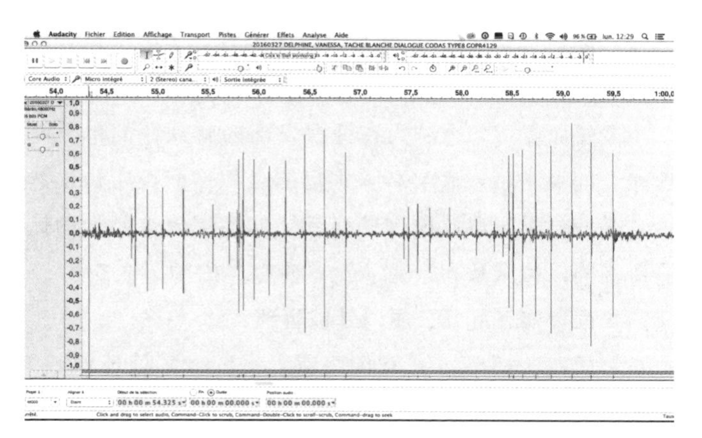


波形图显示了四下咯哒声，分别由两头成年雌性瓦妮沙和德尔菲娜轮流发出的八下咔嚓声组成。每一条竖线对应一下咔嚓声。线的高度和咔嚓声的强度呈正比。在这张波形图中，第一下咯哒声（八下咔嚓声，八条最短的线）由德尔菲娜发出，紧接着是瓦妮沙发出的一下咯哒声（八下咔嚓声，八条最长的线）。这四下咯哒声在五秒之内相继而来。这种交流继续了下去，随后的咯哒声轮流交叠。

✽

## 咔嚓、铛铛、嘎吱、咯哒……海洋的交流

就像我们在第 1 章里所言，抹香鲸只发出炸裂的响声——咔嚓声。尽管所有的咔嚓声都是以同样的方式和机械过程发出的，我们却需要作出区分：一方面是用作交流的咔嚓声，也就是个体间交换信息；另一方面是用作观测环境的回声咔嚓。这可不简单。更复杂的是，我

们录制到仿佛是另一个种类的某些声音，一种吠声，一种“哇嗷”声，如今科学对此没有作出解释。

简要而言，如今认为在深海发出的有规律的单个咔嚓声，间隔一秒或者半秒，很可能是用作回声定位。然而，某些科学家建议说这些有规律的咔嚓声也能帮助抹香鲸之间保持联系和沟通。[1] 这些咔嚓声的频率在 5 至 35 千赫之间，能在好几公里以外被听到。

然而，2017 年 3 月我们用贾森（Jason）处理器[2] 和能探测到 500 千赫的水听器所最新录制到的声音似乎显示，咔嚓声的组成部分大大超出了 100 千赫。这个发现如果被确认的话，就打开了抹香鲸声音表达的探索新领域。

在水面上发出的咔嚓声呢，更有可能是为了交流。通过调节强度、音调、发射的节奏和咔嚓声的数量，抹香鲸能实现交流。

这种声音的交流主要分成三种：铛铛、嘎吱（或者嗡嗡）和咯哒。

铛铛（clang）是一种金属般强有力的声音，由大型成年雄性每隔 5 至 8 秒发出，可以在好几十公里以外被听到。

我们经常听见这些大型雄性重复的铛铛声，却从来也没有见过他们。但可以肯定的是区域内所有的抹香鲸都知晓了他们的存在。这种非常复杂、富有和声的声音意义何在？今天没法回答这个问题。但这几乎是雄性发出的唯一声音，这应当是含有非常丰富的信息的。或许它给出了个体的身份，它来自哪个族群，它想与接受它的雌性交配的欲望，为了震慑其他大型雄性而表现自己的力量……我们可以想象：或许这种悠长而婉转的声音，讲述了这些巨兽在遥远的海洋中神奇的旅行。

这些铛铛声只有成年雄性才发出吗？从什么年龄开始他们发出这种声音？

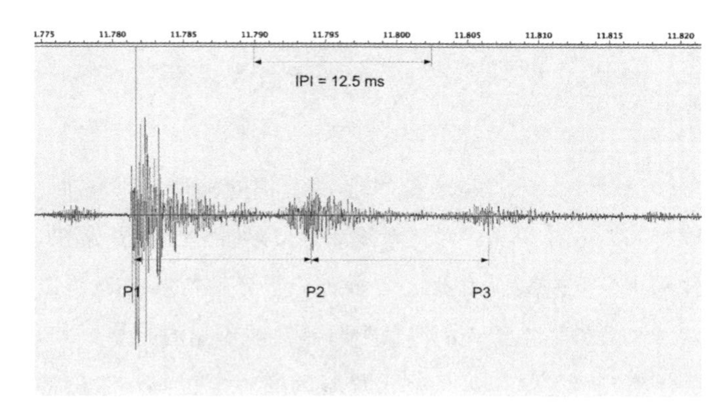


一头大型成年雄性铛铛声波形图。我们耳朵所听到的单词并且简单的声音事实上可以分成一系列脉冲。两次脉冲之间的间隔(IPI)和鲸蜡器的体积呈正比，因为它对应的是声唇初次发出的脉冲在鼻额囊的声网膜上反射，并且穿过小脑油舱的时间（参见第1章）。大型雄性霜冻（Big Frosties）的两次脉冲之间的间隔（P1和P2或者P2和P3之间的间隔）是12.5毫秒，这个数字根据莫尔（Mohl）或者格罗科特（Growcott）的比例方程式来演算，能得出22米长的体形！巨人。

比较高频率图示

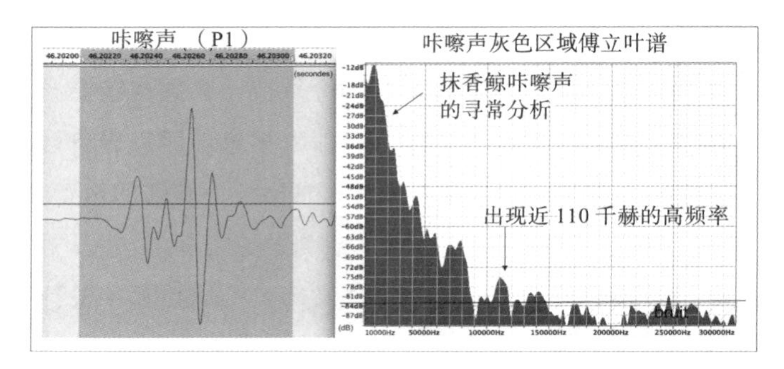


贯森处理器（格洛坦和吉斯，物联网科学微小系统，2017 年）录制的雄性新生儿巴蒂斯特的一下喀嚓声，显示了咔嚓声的强度最高在 5 至 40 千赫，但是分布在更为宽广的频率波段，超过 100 千赫。

嘎吱（creak）是一长串连续的相同强度的咔嚓声，没有间断，其间隔相对比较稳定，一声接着一声非常快，每隔十分之一甚至百分之一秒钟一下。一次嘎吱声可以持续一分钟。它给人的印象是听到嘎吱作响的门。

嘎吱声的作用是什么？紧凑的回声定位吗？激烈的讨论？它们更加难以解析，因为不但在水面上发出，还在狩猎过程中在深海发出。在深海，嘎吱声是在抹香鲸发现猎物以后，对着猎物集中声束以准确（观测）它的动作、性质，或者是要弄晕它，然后再吞噬它。

在水面区域，要解析嘎吱声就更难了，因为情况非常多样化。例如，当一头抹香鲸面对一位潜水员，在几

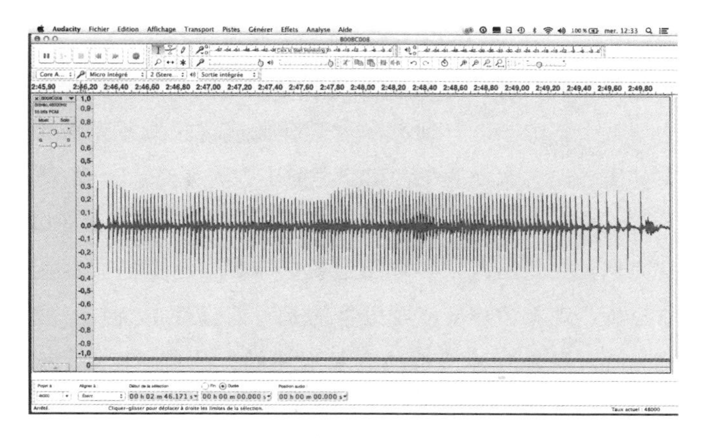


尚未成熟的年轻雄性埃利奥在水面上发出的嘎吱声。整个发声时长约 3.5 秒钟。

米远的地方，它“会发出嘎吱声”。那声音如此强烈，以至于我们的身体能感觉到其振动把我们“剥了个光”。在这种情况之下，我们认为抹香鲸在探测我们，以便搞清楚我们是谁，还有我们的情绪状态。这些嘎吱声还在鲸目动物仔细观察一个物体时发出。我们观察到热米内一边几乎垂直地游向距离我们船只船体 5 米左右的地方，一边发出长长的嘎吱声。

但是，如果这些嘎吱声的用处是明确一个生物或者一个未知物体的性质，为什么抹香鲸会对它非常了解并且已经一起玩了几分钟的同类使用这种声音呢？其实，我们观察到在一场长长的安静的社会化过程中，其中一头抹香鲸有时会对一名同伴发出嘎吱声。而它的同伴会

"接下去"用相同节奏、不同音调的嘎吱声作出回应。嘎吱声是否含有某些信息，一种声音的标记，能呼唤群体中的某个特定个体？现有的声学分析或许证实了乐曲中有些微妙而有意义的泛音可能之前不为人注意。

生物声学家奥利维耶·亚当说："回声定位的意义如此完整，如此出色，一旦用上就戒不掉了。这能同时用作分析、观看、呼唤，更厉害的是，能远距离抚摸。或许嘎吱声只是一种长长的表示欢迎的抚摸！"[3] 生态学家法比耶纳·德尔富尔将抹香鲸的嘎吱声比作她所研究的海豚的嗡嗡声："嗡嗡声让雄性知道雌性的性状态，但这也是一种撩拨的方式，一种作为性玩具的声呐！"[4]

回声定位？抚摸？交流？三者兼有？某些科学家[5] 给这些模棱两可的声音起名为"咯哒-嘎吱"。况且，嘎吱声经常让位于一系列的 3 至 20 下咔嚓声，节奏更慢，间隔有 0. 2 至 5 秒钟的沉默：著名的咯哒声。[6]

咯哒（coda）是一种声音表达，根据其组成的咔嚓声的数量（从 3 下到超过 20 下）来分类。通过测量分隔每下咔嚓声的间隔，鲸目学家们在每个类别中建立了具有相同咔嚓声数量的亚种。咯哒声的名字由咔嚓声的数目和咔嚓声之间的间隔变化来决定。

由此，在三下咔嚓声的类别中，可以认出经典的 3R 型："咔嚓——咔嚓——咔嚓"，其发出的间隔相同。还能认出 3a 型，"咔嚓——咔嚓——/——咔嚓"，其特点是在第二下和第三下咔嚓声之间有长长的静默。最后是3b型，“咔嚓——/——咔嚓——咔嚓”，其特点是在前两下咔嚓声之间隔有长长的静默。

至今为止，研究全世界海洋中不同抹香鲸群体的鲸目学家们给出的全部清单里列出了70种类型的咯哒声。不过其中有些很少被听到。[7]

抹香鲸们最常使用的咯哒声是5R：“咔嚓——咔嚓——咔嚓——咔嚓——咔嚓”，这是一种普适性的交流声。[8]

但是，如果说5R咯哒声是所有抹香鲸的共同基石，它有一些变种，比如2+1+1+1：“咔嚓——咔嚓——/——咔嚓——/——咔嚓——/——咔嚓”，或者4+1：“咔嚓——咔嚓——咔嚓——咔嚓——/——咔嚓”。根据鲸目学家沙恩·杰罗所言，这些变种是每个群体所特有的，甚至每个族群都会因此发展出自己的方言。

例如，加勒比海的抹香鲸们大量使用5R，但它们是唯一还使用1+1+3咔嚓声互相呼唤的鲸。这后一种咯哒声三十多年以来就是加勒比海所使用的方言标志。但是加勒比海的九个族群每个都用另一种非常重要的咯哒声变种互相区别：由四下咔嚓声构成的咯哒声——4D或者4RL，或者1+3a或1+3b。就这样，每个族群在加勒比海方言中发展出了自己的土话。[9]

在大西洋的另一边，亚速尔群岛的抹香鲸们也使用

5R 的表达（35%），但是第二位最经常使用的咯哒声是 3R（24%），而不是像加勒比海那样的由四下咔嚓声构成的咯哒声。全球清单中的其他 21 种咯哒声则很少听到。加勒比海和亚速尔群岛抹香鲸方言的差别似乎和它们在北大西洋被隔开有关。[10]

种群越孤立，其方言离“共同的语言”越远。根据詹尼·帕万（Gianni Pavan）[11] 所言，西地中海的抹香鲸经常使用的只有一种四下咔嚓声的表达：3 + 1 型。

有时，地理上的分隔并非必要，抹香鲸族群能讲不同的方言。就像哈尔·怀特黑德证实说，在加拉帕戈斯群岛附近海域享有同一区域的族群拥有不同的方言。[12]

差别可以非常细微，并且只在具有相同数量的咔嚓声组成的咯哒声的时长上有差异。这就好像抹香鲸们使

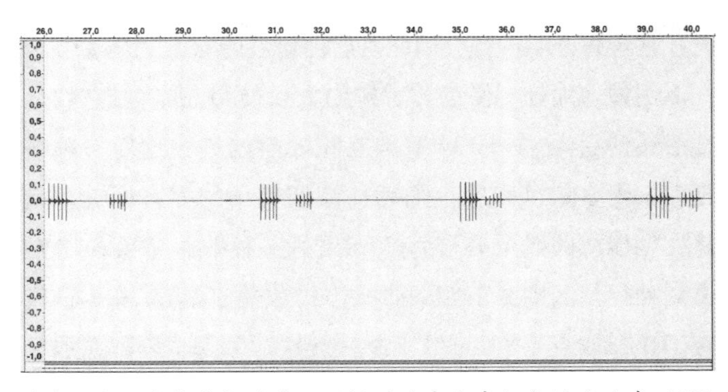


多米尼加两头抹香鲸通过五下规则的咔嚓声组成的咯哒声（5R）交流（录制：沙恩·杰罗博士的多米尼加抹香鲸计划，2016 年）。

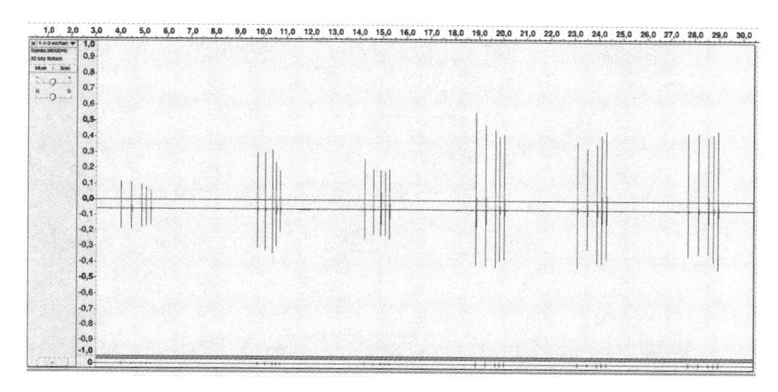


六次连续的由五下咔嚓声组成的咯哒声（1 + 1 + 3），这是多米尼加抹香鲸方言的特征（录制：多米尼加抹香鲸计划）。

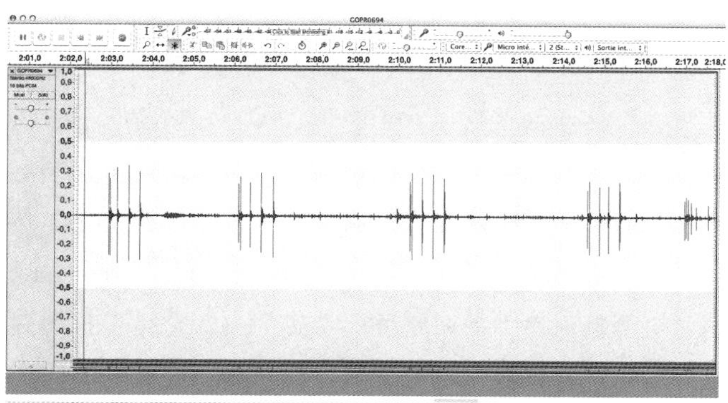


亚速尔群岛一头抹香鲸发出的五次连续的由五下咔嚓声（2 + 1 + 1 + 1）组成的咯哒声（来源：油管频道，参考五）。

用同一种方言，但是“重音”多多少少有所延长。因此，那些生活在日本水域的抹香鲸们使用的咯哒声比在距离约 500 海里的小笠原群岛（Ogasawara）附近狩猎的抹香鲸的咯哒声要长。这点小小的差别让两个群体不能避免地分开了。[13]

✽

## 歪嘴伊雷娜族群的方言

歪嘴伊雷娜族群的声学清单是怎样的呢?

我们的初步分析似乎显示它包含五大种类的咯哒声，使用6至10下咔嚓声。我们分析的录音中80%用的是8下咔嚓声（2+6及其变种）和9下咔嚓声（3+6及其变种)。在其他海洋中如此通用的3R和5R表达似乎不存在——在几百次录音中只有一次（2017年3月16日）听到了由4下规则的咔嚓声构成的咯哒声。如果我们敢于比较的话，就能说这不仅仅是一种方言的变体，而是另一种语言，因为其（声学）清单的差异看似如此明显。这种身份是歪嘴伊雷娜族群所特有的吗？它是否扩大到印度洋的所有族群？时至今日，没有哪项研究能够回答这个问题。

我们的组织“经度181”和其关联的实验室的现有研究都试图找出那些特征，用以区分尚未成熟的个体和成年鲸、年轻的雄性和雌性（咔嚓声的间隔、咯哒声的时长、一下咔嚓声中的泛音)，甚至每个个体。

克劳迪娅·奥利韦拉（Claudia Oliveira）博士[14]在亚

速尔群岛的八头抹香鲸身上安装了声音录制器，证实了可以通过咯哒声的时长和咔嚓声的间隔来辨别每一个动物。她因此认为每个个体都自行调节咯哒声的时长和咔嚓声的间隔，用来在同类中确认自己的身份。这样就建立了一种声学签名。它的同类们因此可以在整个群体中准确地呼唤它。

尽管不应当混淆让我们人类区分每个个体和抹香鲸运用这种特征进行自我介绍的意愿，但很可能每头抹香鲸都建立了自己的声学签名。这在许多其他动物，例如企鹅和海豚中得到了证实。

*

## 企鹅和海豚的鸣叫签名

声音识别对于企鹅而言是必不可少的，它们生活在几千个个体组成的社群之中。成年的王企鹅（*Aptenodytes patagonicus*）要去海里捕鱼。在它们回到居住地时，需要在几百个一模一样的企鹅中找到自己的孩子给它喂食。孩子与父母在几千下互相交叠呼声的嘈杂不堪之中能认出彼此，除了声学签名没有其他的参照。这种签名是一种独特的歌唱频率、振幅和节奏组合。[15]

有些鸟类可以发出高达600种不同的音符，其流量可以达到每秒钟200个音符。这种能力是我们没有的。因为我们的听觉最多只能每秒分离出40个声音，而且需要每个声音的间隔至少25毫秒。[16]

和抹香鲸更为接近的是，海豚也使用个性化的声学签名，就像利用在池中的饲养大海豚（瓶鼻海豚，*Tursiops truncatus*）进行的试验所证实的那样，这些海豚出生于池中，对于自然界没有概念。其他在自然界进行的针对野生瓶鼻海豚、短吻真海豚（*Delphinus delphis*）、白侧海豚（斑纹海豚属，*Lagenorhynchus obliquidens*）、大西洋斑点海豚（细吻原海豚，*Stenella plagiodon*）和座头海豚（中华白海豚，*Sousa chinensis*）的研究证实了这一点。每个个体发出自己独有的鸣叫声，一种鸣叫签名，其他海豚以此来呼唤它。每个婴儿从其他海豚那里听它们发出的声音并且略作改动，发展成自己的鸣叫。[17] 根据法比耶纳·德尔富尔所言，信号的形态甚至能给出关于海豚所属的世系信息。

✽

## 但是……这些难懂的话意思是什么？

抹香鲸的声学签名？为什么不呢？目前，科学家们依旧试图证实族群方言变体的假设。但是这个假设基于从船只的甲板上随机录制的声音，没法将发出的声音和某头抹香鲸对应起来，更别说和某个行为对应。

因为毛里求斯岛的抹香鲸们允许我们分享它们的私密生活，我们才能在世界上第一次将咯哒声同行为和个体联系起来。

而我们同这些窃窃私语的年轻雄性（白斑、埃利奥、阿蒂尔）初次潜水的经历就已经推翻了玛丽安娜·马尔库（Marianne Marcoux）提出的假设，[18] 根据这些假设，只有成年雌性才发出咯哒声。玛丽安娜·马尔库虽然分析了一万次咯哒声，但得出这个结论是因为她在甲板上没法通过体形来区分雌性和尚未成熟的雄性。

我们的观测似乎显示咯哒声是鲸在特定的行为时发出的。例如，对于成年雌性而言，2+6 型的咯哒声似乎和身体接触、生殖裂口贴着生殖裂口相联系。这种性社会行为在尚未成熟的鲸那里也很常见，无论是在雄性之间或者雌雄之间。不过，在尚未成熟的鲸之间的接触中，其他类型的咯哒声（2+5 咔嚓声和 3+6 咔嚓声）也被用到。这些变体是因为它们尚未成熟吗？这些声音具有性功能吗？当要求接触得到的答复是否定的或者肯定的，声音会有所不同吗？

沙恩·杰罗记下了尚未成熟的鲸发出的咯哒声变体，但是他认为这反映了它们没有很好掌握语言的正确规则。在他看来，年幼的抹香鲸需要好些年才不犯错，只发出族群所特有的咯哒声。[19] 要说抹香鲸语可不容易。

然而，我们认为这个结论需要调整：在好几年之后，一头年轻的鲸要搞错重复听过几千次的咔嚓声的数目是不太可能的。

此外，我们于 2017 年 3 月 14 日录下的巴蒂斯特（大约一周大的雄性）和他的母亲茧背之间奇特的对话，似乎暗示新生儿对咯哒声掌握得相当好，或者能完美地模仿母亲，因为他轮流和母亲发出 7 至 8 下咔嚓声（参见第 11 章）。

更有可能的是这些不同的咯哒声是刻意使用的，它们根据情景具有不同的意义。

例如，在土伦附近海域的一次新生儿降生吸引了 50 多头抹香鲸（参见第 3 章），自然主义摄影师弗雷德里

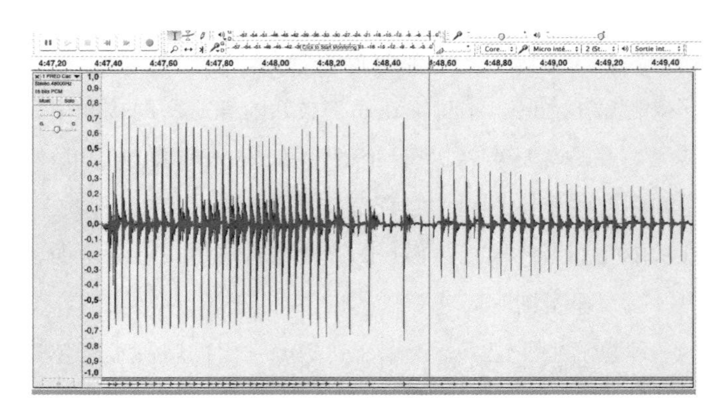


在地中海上的一次新生儿降生之际的聚集过程中，交换的嘎吱—咯哒高达 35 下咔嚓声。这里是两个完整的咯哒声。整个过程持续了不到两秒钟。

克·巴瑟马尤斯录下的声音显示有非常丰富的长长的咯哒声，包含了10至28下咔嚓声。[20] 这些咯哒声完全不同寻常，就像宣布有抹香鲸降生。

其他令人困惑的有：大型成年雄性极少发出咯哒声，以至于很长时间以来大家认为它们不发声。保罗·蒂克西尔博士的团队在克洛泽群岛附近海域水面记录下了两头并排的大型雄性交换的咯哒声。据说夏洛特·屈里（Charlotte Cury）博士曾在冰岛水域录制到了雄性用来回应逆戟鲸鸣叫声所交换的咯哒声。

如何解释：雄性逆戟鲸在尚未成熟时在自己的族群里发出咯哒声，但成年以后和其他成年雄性一起待在极地水域时却不会？唯一的解释是咯哒声只在进行某些社会行为时才发出。

问题就来了：不同的咯哒声只是和方言变体联系在一起的吗？它们是否要求不同的行为？是否表明性别？是每个个体所专有的吗？又或者，这也是很有可能的情况，是三种因素的混合？

✻

## 别样的需求，别样的言语

乍一看，抹香鲸的声谱和其他鲸目动物丰富的声谱（如嘘嘘声、哞哞叫、啾啾鸣叫）相比，其显得很贫乏。

两头成年雌性，德尔菲娜和瓦妮沙之间的性社会行为的含义是什么？经常能够观察到这种行为。只有姿势会变化：生殖裂口贴着生殖裂口或者生殖裂口贴着背鳍。

然而，我们越是挖掘，越是发现它很复杂。

但是，如果有人想理解这些声音表达，有一件事是肯定的：不应该试图将咯哒声翻译成人类的言语。不要搞错了，咯哒声不是词汇。能在抹香鲸的咯哒声和人类的词汇之间建立联系的罗塞塔石碑并不存在，因为几百万年以来生活在和我们不同世界中的抹香鲸没有任何理由要发展出和我们类似的交流（方式）。

别样的需求，别样的言语。我们应当试着想象一种交流方式能满足和人类社会的截然不同的需求，在一个不同的环境中，用我们所没有的感官去感知，带着和我们不一样的生活目的。

首先要沉浸在抹香鲸的世界里，在它们的客观世界，才能有机会破译它们的交流密码。

如今，一切都有待发现。

# 第 11 章　抹香鲸的学校

✲

## 基因统一性与方言多样性

因此，歪嘴伊雷娜及其族群说着和世界上其他抹香鲸不同的方言。这怎么可能呢？这种语言的差异源自基因吗？

时至今日，只有一项重要的遗传学研究是针对全世界一千多头抹香鲸的。该研究出自生物学家阿拉纳·亚历山大（Alana Alexander），发现线粒脱氧核糖核酸的基因（仅遗传自母亲）变异性特别微弱。抹香鲸大族群的这种不可思议的基因统一性，可能是因为一个单一的小族群在非常晚近的时间内突然扩散开来。这个小族群可能取代了所有其他族群，并且代替它们在全世界的海洋中散布开来，这发生在不到 8 万年中，即在演化的进程中是非常短的时间。

然而，在这个非常年轻的族群里，已经可以看到在不同海洋之间的族群中产生了基因变异，甚至在同一海洋中的不同地区也有基因变异。阿拉纳·亚历山大的结论是："抹香鲸是唯一一个在世界范围内单一族群扩散的例子，并且迅速分成单个的群体，这源自其母系社会的组织。"[2]

要知道同一物种的族群，即使居住在同一块地方，当它们的行为和语言产生差异之后可以非常迅速地互相分离。这是因为，当它们不再互相理解，它们就不再彼此间联姻并繁殖。这种文化上的隔离在鸟类中为人熟知，鸟的歌唱并非天生，而是习得的。歌唱文化传承的后果之一就是存在具有非常微妙差异的地区方言。绿莺（*Phylloscopus trichiloides*）歌唱中仅一处句法上的差异就足以造成族群的基因分离。[3]

*

## 文化传承？

对于鲸目学家沙恩·杰罗而言，抹香鲸毫无疑问也是一样的："抹香鲸的语言是习得的。它们发出的不是基因编辑好的固定的声音。年轻的鲸通过接触和自己最亲近的同类进行学习。语言的差异慢慢地分开了抹香鲸群，仅仅因为鲸将和自己在一起的同类的习惯和语言化为己用，并且同可以沟通的同类待在一起。”[4]

就这样，鲸目动物采取和我们人类一样的模式，我们采纳我们经常接触的地区或者街区里的人的着装规则、表达和口音。“模仿、沉浸和遵循惯例在抹香鲸的母系族群社会中扮演了至关重要的角色，一个社会由不同群体组成，其中同一世系的雌性待在一起：鲸模仿和自己待在一起的鲸，同自己能理解的鲸待在一起。年轻的鲸学习和它们生活在一起的个体所最常使用的表达。”[5]

不过，虽然我们可以观察到全世界抹香鲸不同群体中的语言差异，但很难提炼出一种语言学习的机制。

幸运的是，2017 年 3 月 14 日，当我们正浸在水里测试新的立体声录音机贾森时，[6] 我们见到约一周大的新生儿巴蒂斯特和母亲茧背游了过来。而且，我在世界上第一次录下了它们惊人的对话：茧背发出一串 6 下咯哒声，由 8 下和 7 下咔嚓声组成，巴蒂斯特则用 8 下咔嚓声组成的 1 下咯哒声回应，这种交流时断时续，交替发出 7、8、9 下咔嚓声组成的咯哒声。看起来婴儿一旦出生，就模仿母亲讲毛里求斯岛当地方言：一种长长的咯哒声，主要由 8 下咔嚓声组成……而不是像在其他大洋中的 5 下咔嚓声。或许（语言的）沉浸从胎儿在子宫内时就开始了？

如果说提炼出语言学习的机制很难，要记录行为特征则几乎是不可能的，因为抹香鲸主要生活在深海，这

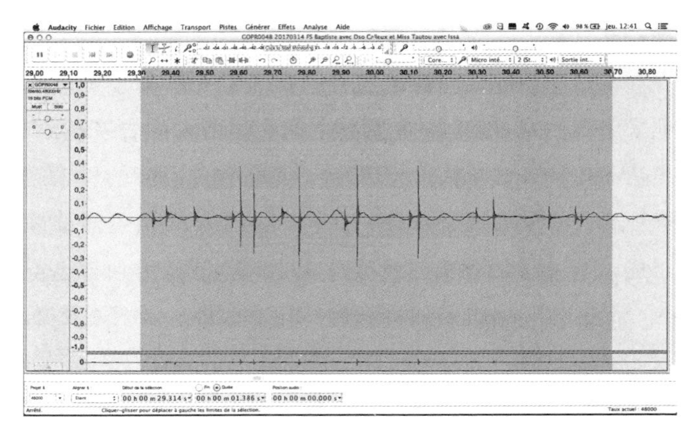


约一周大的雄性新生儿巴蒂斯特（长线）和母亲茧背（短线）之间的对话。整个对话持续了一秒多钟。

对我们而言是隐藏的另一个世界。

✻

## 通过模仿学习：流行的唱法

幸运的是，其他鲸目动物绝大部分时间都在水面区域度过，研究起来就更加容易。座头鲸（大翅鲸，*Megaptera novaeangliae*）很容易接近，尤其是在热带地区恋爱季节的时候。在那个时候，想要吸引雌性的雄性所发出的强有力、有韵律的歌曲响彻海洋。这些复杂的曲子一成不变且重复。在繁殖季节中，一个地区所有的雄性唱法相同，只有少数的变化。相反，埃伦·加兰（Ellen

Garland）教授发现在太平洋中，曲子并非一成不变。她分析了 11 种不同的曲子，分别对应澳大利亚和法属波利尼西亚之间的从西至东的 11 个地区。她强调说，在 1998 年，澳大利亚鲸的歌唱和波利尼西亚的完全不同。然而，2008 年，波利尼西亚鲸唱着澳大利亚的曲子。十年间，八首曲子往东移了，其中四首传到了整个南太平洋，直到法属波利尼西亚。

因此，澳大利亚流行乐（vocal fashion）从西往东像潮流一样传开了。这种大洋级别的文化传播凸显了存在通过模仿而习得的情况。可以假设一头波利尼西亚的繁殖期雄性接触到其他迁徙路上的鲸，听到过澳大利亚曲子，又或者一头雄性去过另一个繁殖地点。回到波利尼西亚的热带繁殖时，它为了和竞争对手区分开来，能更加吸引（雌性），就唱出了澳大利亚曲子，慢慢地，所有的鲸都学会了这首新的曲子。[7]

这种文化变化似乎源于某个单一的个体的创新。一个好奇的、具有领导力的探险家可能干了件新鲜事，随后被它不那么爱冒险的同伴们模仿了。

*

## 通过模仿习得：一种新的狩猎技术

这正是在（美国）缅因湾（Maine）所发生的情况，

那里的一头鲸发现了一种新的狩猎技术。直到 1980 年代，座头鲸习惯独自狩猎鲱鱼，用泡泡网将鲱鱼困起来——这种个体技术和阿拉斯加鲸的群体狩猎原理相同（见第 8 章）。

1980 年，新英格兰鲸类中心主任梅森·温里克（Mason Weinrich）观察到一种新的行为：一头鲸激烈地用尾鳍拍打海面，随后下潜进食（*lobtail feeding*）。次年，他注意到好几头鲸这么做。2007 年，该区域超过 45％的座头鲸放弃了用“泡泡网”狩猎，转而使用尾鳍“拍打海面”，这在三十年以前是完全未知的。这种新技术的传播很可能是为应对生态系统里鲱鱼（大西洋鲱，*Clupea harengus*）的消失，鲸开始吃玉筋鱼（美洲玉筋鱼，*Ammodites americanus*）。和澳大利亚鲸之歌一样，这种新的狩猎技术通过模仿而传播开来，这是一种横向习得，和从成年鲸向年轻鲸传递的竖向习得相当不同。鲸通过互相观察和模仿学到了。[8]

✻

## 通过教授学习：逆戟鲸的学校

在逆戟鲸身上，语言和狩猎策略也是每个族群所特有的，它们不仅通过模仿而习得，而真的是成年雌性教给最年幼的鲸。我们多次有机会研究瓦尔德斯半岛逆戟鲸族群异乎寻常的狩猎行为。在那里，有些逆戟鲸完全离开水面去捕捉岸上的海狮。观察到这种独特的行为令人惊愕。在拍摄影片《海洋》时，我于2008年4月1日在笔记本上这么写道：

> 瓦尔德斯半岛，北角镇（Punta Norte）：远处，在海上，一头大型雄性逆戟鲸的背鳍劈开了海面。它身长1.6米，黑色，笔直地如同一把利剑，给人不可抵挡之力的印象，它快速前进，飞快地。逆戟鲸喷出的水汽时不时让海面起雾，而它暗沉的脑袋就像潜艇的头部一样冒出来。几分钟后，这头鲸就出现在海峡入口处，面向海滩。它潜下去，消失了……没有喷气，没有鳍，没有一点它存在的迹象。
>
> 一些胖乎乎、笨拙的年轻海狮在沙滩上的波浪里喷气。在逆戟鲸到来的警报过后，它们又玩起了水里的游戏。
>
> 突然，在距离沙滩20米的地方，逆戟鲸的背鳍又穿破了水面。海水涨起来，让鲸巨大而暗沉的身体有了活动的空间，像海啸一样奔过来，朝着石化的年轻海狮们而去。时间悬停了。幼海狮们想要逃向陆地。幸存……它们中有一条被泡沫风暴甩了出去。逆戟鲸巨大的头在它上方。鲸头力大无比地摇

晃着海狮。逃出来的海狮们吓呆了，眼睁睁地看着自己的兄弟受死。即使海水似乎开始退潮，让逆戟鲸整个都露在了沙滩上……9米长，重达7吨压在地上！

海洋的主人来到不属于自己的世界觅食，身处险境面临死亡……但是逆戟鲸抬起头，就好像是在给我们展示自己颌骨中紧紧咬着的猎物。随后它绝妙地一扭腰，在沙滩上转了起来。它的尾鳍拍打着海面，身体弓起来，滚向一侧，然后是另一侧，慢慢地回到了它本不该离开的水里。

逆戟鲸飞速游向大海，同那些还不知道如何跨过海洋边界的没有经验的年轻的鲸去分享自己的猎物。

和很多观察者一样，我惊讶于逆戟鲸不同寻常的体力。但是我错了：神奇的不是体力上的功勋，而是这种惊人技术的习得，因为这是违背本性的。要知道在5 500万年以前，当鲸类的祖先回到大海时，它们就同陆地切断了一切联系，陆地于它们是有敌意的（参见第1章）。对于一头鲸而言，搁浅就是死亡。因此有经验的雌性要教幼鲸去克服那种对陆地的自然的、先天的害怕，然后才能开始学习“搁浅—反搁浅”的技术。

✽

## 革新、模仿、传递

博物学家罗伯托·布巴斯（Roberto Bubas）是第一批观察到逆戟鲸违背本性在陆地上狩猎的人。据他所言，这可能在1950年代就开始了。海狮和海象的族群被人类灭绝了。逆戟鲸在海里找不到足够的食物，可能就向岸边靠近。第一头，一头名为贝尔纳多（Bernardo）的大型雄性逆戟鲸可能冒险来到了海岸附近，直到在水面以外抓住了一些海狮。这可是令人难以置信的新鲜事。

几乎在同一时期，距此几千公里的地方，在克洛泽群岛一处沙滩上，其他逆戟鲸也使用搁浅的战术来捕获年轻的海象。然而，只有雌性才这么做，而且它们从不完全离开水，因为沙滩的地形情况不允许。大型雄性，太重、太庞大，就待在水里。生物学家克里斯托夫·吉内（Christophe Guinet）从1980年代起就研究它们，甚至还救过一头没法回到大海的年轻逆戟鲸，使其免遭死劫。[9]

然而，在瓦尔德斯半岛，海滩的轮廓很理想，大型雄性贝尔纳多能将它8吨重的身体滑到陆地上。它在狩猎的时候有一头更小的逆戟鲸陪着，那头鲸被取名为梅拉妮（Mélanie），之后发现是它的弟弟，就重新取名为梅勒（Mel）。1993年贝尔纳多死了之后，梅勒成了陆地上最为可怕的猎手，直到2014年它在49岁之际离世。

梅勒可能被多头雌性模仿，其中有女家长安图（Antu）、伊什塔尔（Ishtar）和马加（Maga）。当罗伯托于1992年第一次观察到它们时，只有五头逆戟鲸能成功实现滑出水面捕获幼海狮的壮举。

2007年，当我们去那里拍摄影片《海洋》时，有7头雌性能成功使用这项技术。2015年我们为了拍摄纪尧姆·樊尚的纪录片《巨人的星球》回去时，不下13头逆戟鲸用上了搁浅术。因为和克洛泽群岛的逆戟鲸不同，有经验的雌性继续将自己的知识传递下去，教给更加年轻的鲸。

去一个不认识的地方捕获一头看不见的海狮，这要求异乎寻常的能力。要学上几年，并且有些逆戟鲸永远做不到。对于年轻的鲸而言，最难的首先是克服自己对于海岸天生的害怕。我们观察到一些没有经验的年轻的雌性逆戟鲸靠近岸边，一旦它们的背部露出水面就害怕得折回大海去。但是很快它们被其中一头女家长又赶回了岸边。瓦尔德斯半岛的族群就这样发展出一种传统，一种特有的文化，世界上其他逆戟鲸族群没有哪一个也拥有这种传统。[10]

✻

## 时间，文化传承的一把好手

在这些学习过程中重要的是，需要花时间，要花不少时间。一种文化只有在非常团结的动物社会中才能发展，这需要满足多种条件，时间就是其中的主要因素。需要动物的寿命足够长，这样它们就能获得可以传授的经验。需要它们拥有记忆所必需的认知能力。它们须得能够调动过去的经验，尤其是要有时间去把这些经验传授给自己的后代。确实，逆戟鲸、抹香鲸和海豚一样，成年鲸把许多时间花在幼鲸身上，它们在一起待上好些年。

✽

## 文化，演化的发动机

就像瓦尔德斯半岛的逆戟鲸族群那样，这种特定知识的传承让每个族群成为一个独特的、无可替代的群体。每个族群都有自己的文化、自己的语言。就这样，“物种”这一概念在此达到了极限。文化的族群具有物种的价值。更有甚者，在五个拥有特定文化的逆戟鲸族群身上发现了基因上的不同，这证实了这些族群正在形成新的品种。对于这项研究的主持者安德鲁·富特（Andrew Foote）而言，“尽管所有的逆戟鲸在200 000年前有一个共同的祖先，具有特定文化的群体在基因上还是变得不同了。这就意味着基因和文化是共同演化的”。[11]

这种源自文化隔离的基因变化在狩猎过程中使用海

绵保护自己的吻突的海豚那里得到了证实（参见第8章）。正如安娜·科普斯（Anna Kopps）所言："如今我们有一群携带并且利用海绵的大海豚，它们把这个传统原原本本传递下去。使用海绵是一种文化上传递的行为。我们确切地知道哪些个体开始这么做，也知道这个行为是如何通过模仿从母亲传授给女儿的。这不是遗传。这不是固有的、自然的。这也不是一个群体中所有的成员会做的。这种知识在某几个个体，尤其是雌性那里得到传递与保存。成年雌性倾向于革新，就像灵长目动物一样。我们现在知道使用海绵的海豚倾向于待在一起。我们给它们起名叫'海绵俱乐部'。单一一头雌性的创新通过文化传递，这是隔离的开始。"[12]

这些因为文化隔离而正在形成物种的例子在保护的层面改变了许多事情。

我们不能再在全世界范围内去考量逆戟鲸或者海豚的总数，因为这不再是同一个物种，每个族群都独一无二并且无可替代。这样一来，尽管不论是逆戟鲸还是海豚在世界层面上都没有受到威胁，我们还是应该考虑捕获个体对于海洋世界的影响，以及同渔民发生冲突的鲸目动物越来越频繁被杀害的后果。因为哪怕是一个主要的女家长消失了，而它又掌握了某种特定的知识，也会造成在整个家族中失去了一门知识，会让群体不稳定，甚至在短期内让这个群体陷入困境。

*

## 很快会有多个抹香鲸亚种？

抹香鲸的情况是怎样呢？方言不同的族群会不会慢慢互相隔离，就像逆戟鲸那样？很快就会有多个抹香鲸亚种吗？没那么简单。因为两种相反的力量似乎在这些大型哺乳动物身上起作用：方言的多样性，这一起到隔离作用的力量，似乎被繁殖期的大型雄性的扩散抵消，它们从一个族群游到另一个族群，实现了基因的混合。

然而，就像哈尔·怀特黑德所提醒的："我们对于成年雄性的迁徙所知不多，除了它们到热带水域繁殖、去极地水域进食。有时它们能跨越不同的海洋。我们知道出生在大西洋的雄性去太平洋繁殖，并且反之亦然。但是我们对于这些交流的频率毫无概念。"[13] 无论如何，大型雄性在雌性族群中逗留的时间太短了，没法影响当地的方言。

谜团重重！

# 第 12 章　驯服我吧！

✽

## 埃利奥的请求

“咔嚓——咔嚓——/——咔嚓——咔嚓——咔嚓——咔嚓——咔嚓———咔嚓”：2015 年 5 月 2 日埃利奥就是这样在我们第二次舞蹈时邀请我的。惊人吧。埃利奥在我们一起游泳、翻滚的 5 分钟里毫不含糊地不停重复着自己的话。至少 45 下连续的咯哒声，其分布是这样的：51％的咯哒声有 8 下咔嚓声，36％的有 9 下咔嚓声，11％的有 10 下咔嚓声，2％的有 7 下。

一般而言，来到潜水员面前的抹香鲸用一串加强的嘎吱声“剥光”他们，但是并不发出咯哒声。和其他鲸一样，埃利奥已经来找过我们了，而且和其他鲸一样，它之前只发出过嘎吱声。但是 5 月 2 日这天，在一阵非常短促的嘎吱声之后，它继续发出了咯哒声，就是那些要求身体接触之前发出的声音，是母亲与其幼崽、年轻的雄性之间或者成年雌性之间（参见第10章）所发出的。这咯哒声是什么意思？你好？摸摸？来玩吧？……

很可能我们永远也不会知道。再说这是我们希望发生的吗？可以肯定的是，埃利奥试图用抹香鲸的语言和我进行接触。

野生抹香鲸埃利奥自愿的、不求回报地来找我。它待了很久，5分钟，尽管我没有给它提供任何对它生存所必需的东西：既没有食物，也没有保护。它用上了自己和同类玩耍或者社会化时的所有肢体交流姿态：仰面停下，肚皮朝着水面，垂直和水平翻转。它收住自己的力气，并且控制自己的动作，好不撞到我，也不撞上就在很近的地方拍摄的勒内。更厉害的是，它根据我的能力做出调整，来适应我的笨拙：它等我，它用我的速度游。它甚至在我面朝它游过去的时候后退，这对于鲸目动物而言可不容易。

最后，埃利奥用自己的语言呼唤我，就像它对自己族群中的鲸所做的那样，尽管毫无疑问它已经衡量过我们之间的巨大不同，它、抹香鲸，和我、潜水员。这种呼唤不是攻击性的，如果我们用这种请求通常在抹香鲸那里所激起的大量抚摸来判断，这完全和攻击相反。

埃利奥的故事是独一无二的，还是有人知道海洋哺乳动物向人类发出邀请的其他例子？

抹香鲸埃利奥是否想要驯服弗朗索瓦？

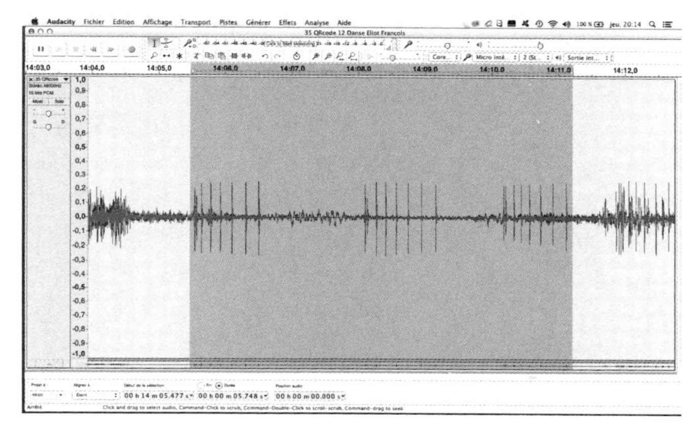


波形图：埃利奥通过发出一连串由 8 下咔嚓声组成的咯哒声邀请弗朗索瓦。

✲

## 逆戟鲸的邀请

罗伯托·布巴斯同我讲述他第一次和瓦尔德斯半岛逆戟鲸真正的相遇，他已经研究了它们超过 15 年。那是在 1992 年，他当时坐在海滩上，正观察逆戟鲸狩猎：

> 我在笔记本上做记录。其中一头逆戟鲸靠近了沙滩。它的嘴里有一截大海藻（一种大型棕色海藻）。它滑到了岸上，把大海藻放在离我最近的地方。它给了我一块大海藻。我对自己说或许它想要

和我玩。我拿起海藻，把它丢入水里……它给我把海藻捡了回来。后来的几天里，它在同一地点、同一时间等我一起玩。这样持续了一周。这些时刻是具有魔力的，非常感人。我意识到在这里逆戟鲸已经主动和人接触。其后的几个星期，我带着自己的口琴来了，我开始为逆戟鲸们演奏音乐。随后我下水到了它们身边，而我完全知道它们可以像杀死海象或者海狮一样杀死我，那些猎物比我更快更强。在之后的几个月和那些年中，我在水里和它们度过几个小时。逆戟鲸们喜爱口琴。它们很好奇，对音乐非常关注。[1]

✽

## 海豚和人的关系的普世性

如果说人类和抹香鲸或者逆戟鲸之间关系的例子很罕见，讲述人类和海豚之间友谊的故事自古以来则不断重复，无论是什么民族或是海洋。在公元1世纪的时候，老普林尼在它的《博物志》（*Histoire naturelle*）的第九卷里记录了半打关于海豚依恋自己的人类朋友的故事："……因此在（安纳托利亚海岸）亚苏斯城（Iassus）里有个叫赫米亚斯（Hermias）的孩子坐在一条海豚背上在海里巡游。孩子在突如其来的暴风雨中丧生后，海豚将他的尸体带了回来，海豚为此自责，再不回到海里，任凭自己死在了沙滩上。泰奥夫拉斯特（Théophraste）说在纳夫帕克托斯（Naupacte）也经常如此。假如要将所有这些例子都列出来，我能说个没完没了。安菲洛克斯人（Amphilochiens）和塔兰托人（Tarentins）也同样有关于孩子和海豚的这类故事。"[2]

众多叙述让这个故事变得具体了：无论在什么时代，最好奇的海豚比其他海豚更加大胆，它们和人类保持了人们所认为的善意关系。这并不意味着和所有人类。因此野生的尘土（参见第 7 章）不会让随便什么人都能靠近。是她来选择自己的玩伴，有时对于在水里她不想要自己身边出现的人毫不客气。许多游泳者毫无敬意，把海豚当作一种消遣，认为可以靠近，结果被吻突激烈地撵走了。即使心怀敬意要靠近也是不够的。这是野生动物决定的。总是这样。潜水员阿芒迪娜·范考文贝赫（Amandine Van Cauwenberghe）总是聆听大自然，她的经历证实了鲸目动物是决定者。阿芒迪娜请扬·普勒格带她去见尘土，扬·普勒格比所有其他人都更了解尘土（参见第 7 章）：

2016 年 6 月 29 日，周三。在下水前，扬和我谈论了接近海豚的最心怀敬意的方式。当我们面对大海、坐在岩石上讨论时，另一个游泳者克雷格

(Craig) 开始拍打水面呼唤尘土，他对尘土非常熟悉。尘土从海上来了。我一刻也不怀疑她认出了他的呼唤。我请求扬同意自己下水，请克雷格陪着我。开始的15分钟很不错。我没有跟着尘土，我没有试图触摸她，我让她游过来。她先是扫了我一眼，然后和克雷格交流了很多：鸣叫声、接触和抚摸。不可否认的是他们两个建立了一种信任的关系和无与伦比的友谊。尘土时不时从离我非常近的地方经过，一边扫视我，一边观察我。但是她总是向克雷格折回去。

突然，尘土没有先兆地向我游来，她大张着嘴，一副威胁的样子。我想自己应当赶紧离开水里，我没有时间去思考。尘土非常恼火，用尾鳍拍击着水面。我请一个路人帮忙把我吊到海堤上。尘土游过来用吻突推我，向我示意我应该出来，一边发出抱怨的声音。她并不激动，她的动作很轻柔。

一旦我到了海堤上，双脚在水面的位置，尘土就安静了下来。她过来久久地注视着我，用自己的吻突轻轻地蹭我的双脚。克雷格将这种姿态阐释成道歉，并且建议我回到水里。我接受了，走过50米来到沙滩上，在他身边手拉手游。我们一到沙滩上，尘土又紧张起来。她立即朝我游过来，大张着嘴。我彻底离开了水。我的同伴在试图下水时也被同样威胁了。

我很遗憾，但是能够理解尘土。假如一个陌生人没有受到邀请就进了我家，我不知道自己会有什么反应：逃走、吓得呆住或是为了自卫打人。她选择了第三种方法。尘土是一个非人类，有自己的性格、意志和欲望，这是我们无论如何要尊重的。[3]

尘土对其他许多潜水员也有同样的反应。她显示出野生动物的自由，如果说这种自由还有必要的话。是她来决定，她选择自己要驯服的人。但是这种约见未必有保障。她不过是随心所欲。

有些人可能以为孤独促使尘土驯服人类，而那些身处家庭中的海豚并不需要这样的接触。海豚罗沙（Rocha）和博物学家安吉·格兰（Angie Gullan）的故事作出了相反的证实。罗沙属于一个数量为三百头的大海豚（印太瓶鼻海豚，*Tursiops aduncus*）群，它们生活在南非边界、莫桑比克偏僻的海岸附近的海域里。2015年，当我们在乌拉角（Punta do Oura）拍摄时，从1994年起就研究海豚的安吉同我们讲述了颠覆她人生的一次相遇：

1999年，我们离岸边很远，在自己的小型动力船里。海里波涛汹涌，印度洋的这个区域经常如此。

> 我们看见了数十头海豚。我们停下了船，好让我带着摄像机滑到水里。朝我们游过来的那群海豚分成两组。由罗布（Rob）——一头三十多岁的暴躁年老雄性——引领的大部队去了远海深处。相反，有几头海豚完全改了方向朝我游过来。领头的有博（Bo）和格利（Gully），两头二十多岁的雌性。博是最大胆的。她到我身边，主动游得慢下来，因为我对她而言明显太慢了。她绕着我转了一圈，一边仔细地看着我。她看到我尊重她，我既不攻击她，也不抚摸她。我让她采取主动，不进入她的私人空间。我们在一起游了十分钟。[4]

自那以后，日复一日，年复一年，相遇总是充满敬意，也越来越多。博和格利都有了自己的两个活下来的孩子。博是罗沙的母亲，那是一头出生于 2007 年的雌性，还有生于 2012 年的雄性布吕（Blu）。至于格利，她是格利弗（Gulliver），一头生于 2007 年的雌性，以及冈达尔夫（Gandalf），一头生于 2012 年的雄性的母亲。2015 年在我们的摄制过程中，我们注意到这四头年轻的海豚是群体中最爱玩、表达力最强的，它们很乐意主动来找我们。安吉认为母亲们的态度让它们发展出了非同寻常的好奇心："格利弗和冈达尔夫特别爱玩，但是最让我惊讶的是，那天罗沙给我送来一条鱼。她离开了群体朝我而来。她的牙齿里仔细咬着一条小小的河豚。在距离我的摄像机一米远的地方，她放下了鱼。而我的规矩是不去回应海豚的要求，我就没有动，那条鱼撒开鳍游走了。罗沙见我没反应，又捉住了她的礼物，再一次献给我但是没有成功，于是她厌倦了。我认为那天罗沙真的想要给我一份礼物。”[5]

✽

## 豹海豹的礼物

鲸目动物不是唯一给人类礼物的。豹海豹以攻击性和领地感著称，也表现了不同的个性和惊人的注意力。

2002 年 1 月，让-弗朗索瓦·巴尔托（Jean-François Barthod）在南极半岛拍摄豹海豹，那是一种尚不为人熟知的捕食动物，身长可以达到 4 米，重 500 千克。它巨大的头上有一副大大的颌骨，让人联想到霸王龙（*Tyrannosaurus rex*）的颌骨，尤其是它激烈捕食企鹅的样子让它背上了恶名，这在他们第一次相遇时也不例外。

> 我刚刚下水，豹海豹就像鱼雷一样向我冲过来，嘴巴大张着。我的摄像机看起来像微不足道的防护。它威胁满满，嘴巴忽左忽右。它的脖子非常有力，也非常灵活，能让它巨大的颌骨向前发射出来，就

好像身体和头分离了一样。从正面看去，它肥大的脑袋完全把自己的身体挡住了。在那种时候，就好像我面对的是一个长着锋利牙齿的巨大颌骨。豹海豹像鳗鱼一般柔软，以惊人的速度不断扭动着。它游开、返回来、换个方向、不断迫使我扭曲自己面对它。这些威胁持续了十几分钟。我表面的平静慢慢削弱了它的攻击性。它靠近我的时候不再那么粗鲁了，它的眼神中表现出更多的询问和好奇。[6]

通过几天的潜水，让-弗朗索瓦识别出七头行为和个性迥异的豹海豹。这里面有布吕蒂斯（Brutus），占有主导位置的雌性，她真的攻击了他，迫使他离开水，随后，在确认了她强有力的支配地位之后，就再也没有攻击他。但是还有穆谢特（Mouchette）：

有一天，我感觉到自己被盯着看，我惊讶地发现她一动不动，头朝下，就在我右肩后方，距离我脑袋几厘米左右的地方。她正在看我干活儿。又有一天，穆谢特小心翼翼地叼着一只帽带企鹅的尾巴来了。她慢慢地靠近，直到把企鹅贴在我的摄像机前部。随后她放开了企鹅，当然企鹅巴不得走开。她看着我犹豫了一下，就好像在说："为什么你不拿下它？"随后她就像火箭一样走开去找企鹅。不到一

> 分钟她又回来了，巨大的颌骨里依然小心翼翼地叼着那只可怜的鸟儿。她一边注意不要伤害企鹅，一边又一次将它给我，企鹅又逃跑了。穆谢特又去追它，随后她将它给了我的潜水同伴戈兰（Goran）。这头非常耐心的雌性用同样柔和的态度献了七八次礼。总是非常轻柔，以免伤害企鹅。这非常感人。当企鹅最后一次逃跑，豹海豹追了它 30 多米，随后突然转身回到我们身边，对我们发出一系列的声音和友好的扭动，这样持续了好几分钟。很明显，穆谢特不明白为什么我们没有接受她的礼物。总之，那天企鹅逃过一劫。[7]

六年之后，为了拍摄《海洋》，摄像师大卫·雷谢尔（David Reichert）在南极半岛冰冷的海水里有了类似的经历。一头豹海豹不停地给他带去一只死去的企鹅和一块冰。

这些礼物是为什么呢？我们能够超越事实、从这些选择的关系中得出什么教益吗？这些经历首先所凸显的是动物掌握了主动。人类并不是领舞的那个，而是配角。不是人类在强迫、奴役、驯化，是动物在驯服。这种偏移改变了一切。因为假如动物们不觉得安好，它们是不会建议建立联系的。在相反的情况下，它们不会留下。

除了人类，没有哪种动物会去寻求生理上的不适。

对于安逸的追求指引着动物们。即使是最初级的生物都会逃离具有攻击性的环境，去适合它们的地方重新住下。这种行为经常只是一种反应。相反，埃利奥、博、尘土是积极主动的。它们选择过来、留下、给予，却不期待什么明显的回报：既不要食物，也不求保护。

它们从自己和人类的关系中能得到什么益处呢？这种关系和它们与自己习惯相处的其他物种的关系有那么不同吗？

✽

## 我们失去了野性的意义

为了衡量这些经历不同寻常的特性，需要正确看待它们，要将它们和我们在陆地环境上所经历的作对比：想象一下，一头豹、一只熊、一头象走上前给人类一份礼物。这在今天是不可想象的，因为人类对整个陆地环境所持续施加的攻击，让人类和野生动物的关系完全变质了。然而，在世界尽头的某些地方，例如亚南极的岛屿，人还可以靠近野生动物，它们不会逃跑。1987 年 2 月，当我们和“卡吕普索号”一起在奥克兰岛（île Auckland）靠岸，在新西兰南部南纬 50 多度大风咆哮的西风带，我能够在胡克海狮（*Phocarctos hookeri*）中间躺下，却毫不惊扰它们。

2006年4月，在瓦尔德斯半岛生物圈保护地内，当我正躲起来拍照时，一头年轻的海狮（南美海狮，*Otaria byronia*）甚至用嘴拱了拱我，在我身边待了一会儿。

1986年1月我们乘坐“亚克安娜号”（Alcyone）绕着合恩角（cap Horn）游历之时，我们在一些很有可能多年没有任何人去过的小岛上靠岸。

我们在几十万只黑眉信天翁（*Diomedea melanophris*）的栖息地搭了帐篷。没有哪只鸟在我们走近时飞开。它们在我们走过时勉强让开。甚至，到了第二天早上，其中一只在我的帐篷门口住了下来。所有有机会探索处女地的鸟类学家、动物生态学家、生物学家都报告说他们遇到的动物接纳了他们。

但是这在动物没有受到攻击的保护地里也一样。在瓦诺伊斯（Vanoise）公园，羱羊、岩羚羊和旱獭见到散步的人不会逃跑。如果你不硬是要靠近它们，它们甚至都不会离开你所走的那条小径。

原本的天性，原本的关系？这些简单的关系，这般和平共处暗示着我们可以同所有共居地球的野生动物拥有完全不同、更加丰富的关系。说到底，人类不过是所有动物中的一种。

栖息在我们最后一片野生之地——海洋——的动物们正树立一个榜样。为什么不能认为鲸目动物可能想要和我们交流呢？当埃利奥来找我们时，是谁在驯服另一方？是谁在另一方的陪伴中得到了滋养？让我们接受这种互相的关系，寻回原本和平的默契吧。

我愿意相信存在一条亲密之路，充满尊重，能有互相认可的关系，而并不让野生动物的真正天性变质。这条路有一个美好的名字：驯服。这意味着建立联系，就像圣-埃克苏佩里（Saint-Exupéry）《小王子》（*Le Petit Prince*）中的狐狸那样。驯服需要尊重另一方的独立性，这和强加于家养动物的依赖关系不同。我们希望在这里探索所有这种观念带来的对称的、互相的丰富性。

✽

## 相遇，社会生活的学校

同野生动物接触会引发争论，能掀起激情。

有些人甚至认为，为了拯救剩余的野生生命，不应该去和它们相遇。乍一看，这样的说法似乎很恰当，因为“非智人”（*homo non sapiens*）是一个贪得无厌的破坏者。那些唯利是图的过分之举把野生生命当作和其他资源一样去开采和变现。动物们不过是人收集的消费品：“我猎到了大五样，狮子、大象、水牛、豹子和犀牛。明年，我要猎杀白鲨、虎鲸、抹香鲸、蓝鲸、逆戟鲸……”收集倒是有，但是没有相遇。而且，在那种条件之下，最好永远将野性自然最后的残留供奉起来。

我们是不是注定不能享受同野生动物和谐交流的乐趣，要拒绝其他物种伸出的手，不然就会害了它们，又或者更糟的是，毁了它们？我们是否注定永远也成不了智人（*sapiens*）？

我们逐渐远离了自然，有时借口不要打扰大自然，这造就了忘记自然的条件，让我们更加无知、害怕和幻想。我们忘记了“野性”一词在拉丁语里最初的意思，仅仅是形容森林（*sylva*）里的动物，这和生活在家（*domus*）里的家养动物形成对比。因此，“野性”并不像我们通常认为的那样意味着攻击性或者躲避，而是属于森林的、未经驯服的和独立的。

丧失意义、缺乏身体接触为野生生命在大家的漠视中的毁灭创造了条件。这种远离是世界失掉人性的前提条件。

如果我们永远地和自然切割，我们的孩子们将会更加重视虚拟的生物，而不是他们从来没有遇见过的活生生的生物。如何想象人可以通过不现实的表现去理解活生生的现实呢？虚拟世界是一种非人化的监禁。相反，沉浸在自然之中——身体接触会调动所有感官——会带来快乐、惊喜和平和，只要这么做带着尊重。这种相遇能构建我们，促使我们去思考：我们想要成为什么样的人类？

我们在此确认，和野生生命的接触对于发现相异性、理解其他生物不可或缺。而且，即使对于世界的认知差异太大使得互相理解无法成为可能，至少理解他者的意愿会指向宽容。这就是哲学家伊曼纽尔·列维纳斯（Emmanuel Levinas）所强调的：真正的相遇基于对他者之差异的不漠视，要接受相异性及其不同的丰富性。和野生动物的相遇是最好的社会生活学校，因为它没有尊重和全心倾听就不能做到。它是买不到的。要么给予，要么没有。它迫使我们真实、去雕饰、不做作。关系要么是真实的，要么没有关系。因此，在那一瞬间，它是全然的、唯一的、优享的、珍贵的。

✻

## 存在和拥有

当尘土和埃利奥无拘无束地主动接待我时，它们和我在一起是因为它们能享有片刻的安好。

野生的生物接纳我们本来的样子，不会向我们提问。没有哪个野生动物会问您挣多少钱，您拥有什么，您的社会地位。它不会判断外表：它感兴趣的是存在而非拥有。扬·普勒格讲述了他如何被海豚尘土拯救。尘土接纳了他本来的样子，没有问问题，然而，在失去工作之后，他被人类社会所排斥。

我们那注重外表与拥有的文明中的许多孤独者，在被天真、真实的野生生物驯服后受益良多。

宠物数量的激增（6 500 万法国人有 6 300 万只宠物）反映了这种和社会关系缺失以及在自然中失去立足点有关的痛楚。但是猫、狗，所有的宠物不论多么棒，都是依附于人的。而一个依附于人的生物所给予的友谊，永远不会有一个自由生物所给的关注带来的那种无与伦比的滋味。

罗曼·加里（Romain Gary）在他的小说《天之根》（*Les Racines du ciel*）中写得非常出色：

> 这很简单，狗已经不够了。人们感到异常孤独，他们需要陪伴，他们需要更大一点的东西，更强壮的，能靠一靠的，能真的扛得住的。狗已经不够了，人需要大象。[8]

我们人类需要大象、抹香鲸、鲸、鲨鱼、大猩猩、熊、狼。我们需要所有这些大家伙。因为当它们不求回报地向您投来一瞥时，您会永远被震撼到。您同这个世界和谐了。您平和了。喜悦淹没了您，您都没法装得下这样大的喜悦。

您想要将此分享给您所爱的人们，那一天，您爱所有人。

# 第 13 章　不可或缺的地球野生共居者

✽

## 抹香鲸会有什么样的未来?

对于莫比・迪克的后代、对于埃利奥而言，未来是什么样子的呢？自从 35 年前狩猎停止之后，躲过劫难的它们真的被救了吗？它们是否找回了在自己的海洋王国里的位置呢？没有什么比这更不确定的了。根据国际自然保护联盟（UICN）的说法，抹香鲸依旧在 2017 年的受威胁物种红名单上。

因为，尽管我们观察到新生儿降生，太平洋，尤其是加勒比海的族群仍令人担忧。根据哈尔・怀特黑德和沙恩・杰罗的说法，加勒比海区域 16 个被研究的族群中有 12 个在 2005 年至 2015 年间数量下降。自 2010 年以来，每年下降 4.5％，而停止狩猎本应该让族群数量扩大。[1]

我们不知道这种令人警示的情况发生的原因。生育率下降？和船只发生了致命的碰撞？因渔网而致死？它们的食物资源减少了？或许有一种更加隐匿的原因，因为那是不可见的？污染，应当这么直呼其名。而不幸的死亡，就像在拉封丹的寓言里，可以这么写："它们不会都死去，但是会都受到影响。"

*

## 污染，延迟的炸弹

在分析了全世界海洋的955头抹香鲸脂肪标本以后，毒理学家约翰·皮尔斯·怀斯（John Pierce Wise）和劳拉·萨弗里（Laura Savery）发现了他们寻找的所有重金属，如铅、汞、镉，尤其是铬，其含量是在实验室中的导致细胞死亡含量的数倍。[2]

杀虫剂、重金属、导致内分泌障碍的物质在它们的肌肉和脂肪中如此聚集，使得抹香鲸有时被认为是有毒废物。因此，2015年3月在依旧食用鲸肉的日本，厚生劳动省不得不销毁从挪威进口的肉，因为它含有的农药（艾氏剂、狄氏剂、氯丹）超标两倍。在苏格兰海岸边搁浅的21头圆头鲸（*Globicephala melas*）的肝脏、肾脏、肌肉和大脑集中了那么多的镉、汞和甲基汞（MeHg），其含量大大超过了自水俣（Minamata）悲剧以来认定的可以接受的神经界限。[3] 要知道在1907年至1966年之间，一家石油化工厂向水俣湾中排放的汞化合物造成了超过13 000个受害者，其中1 784名吃鱼的渔民死亡。幸存者出现可怕的畸形和神经损伤。如果人类受到影响，为什么鲸目动物就不会呢？

就像人类吃鱼，鲸目动物会聚集分散在陆地和空气中最终进入海洋的杀虫剂和重金属。即使在世界尽头，在最深的海沟中，在10 000米的深处，所有海洋生物都受到了污染。例如马里亚纳海沟（Mariannes）和汤加-克马德克海沟（Tonga-Kermadec）的端足类甲壳动物在身体组织内聚集的多氯联苯（PCB）含量比受污染最严重的沿海地区的甲壳动物身上测到的高50倍。[4] 这些深渊中的甲壳动物和浮游生物一样，被小鱼和乌贼食用，它们在肌肉中聚集了有毒物质。等它们再被吃掉，就给捕食者送上一份有毒的礼物：金枪鱼、鲨鱼、鲸和抹香鲸。就这样，动物的肌肉里聚集了越来越多的污染物质，从未排出。更糟的是，这些污染物质被传给了后代。铅可以穿过胎盘的屏障，直接影响胎儿的神经系统。而且，假如胎儿成功降生，它将在好些年里被喂以受到所有重金属高度污染的奶水，这将大大降低其免疫力。[5] 确实，母乳绝大部分由母亲的脂肪储存构成，那里储存了所有的污染物。

曾上过“卡吕普索号”的德尼·奥迪，他带领的世界自然基金会法国分会团队对地中海鳁鲸和抹香鲸的12年研究（2002年至2014年）证实，成年雌性比雄性受到的污染轻三倍，因为母亲通过给自己的新生儿哺乳，将大部分储藏的毒物都传给了孩子。[6]

即使不是因为有毒化学物质造成了慢性中毒，塑料造成的肠梗阻也会杀死抹香鲸。2016年1月和2月，30头抹香鲸的尸体在欧洲海岸搁浅。22头尸检的鲸中，有9头的胃里含有大量的塑料物质和网。[7] 几个月后，另外一头在北海搁浅的抹香鲸吃下了一张13米长的网。而这还不是最高的纪录：2012年3月，一头在西班牙海岸搁浅的抹香鲸吃下了17公斤重的塑料垃圾，其中就有一张将近30平方米大的篷布。[8]

✻

## 还有地方留给野生动物吗？

情况看起来并没有好转。根据生物学家詹纳·詹贝克（Jenna Jambeck）的说法，在2015年世界上产生的27 500万吨塑料垃圾中，有910万吨最后进入海洋。[9]

即使鲸目动物们躲过了垃圾，它们也会被高速的船，比如货柜船和其他油船撞击。根据德尼·奥迪的研究，地中海上非自然死亡的原因之首就是撞击。从1990年代初开始，世界海运得到了前所未有的增长，尤其是在歪嘴伊雷娜的族群所生活的印度洋；二十年间航运的增长达到了300%，而且速度还在增加。[10]

除了海运，还有捕捞活动、军事声呐和地震探测在水面下造成的嘈杂。根据声学家埃尔韦·格洛坦所言，有些频率干扰了抹香鲸的回声定位，造成的环境噪声阻碍了长距离的沟通。[11]

抹香鲸同鲨鱼、大象、狼、大猩猩一样，是自由生命的象征，这不在我们的控制范围内，人类自新石器时代就试图掌控它们。如果在最初的几千年里定居的农民力图驯服强有力的自然，很快力量对比就发生了变化。从18世纪开始，布丰（Buffon）为某些物种的消失而感慨，而当时的森林还像绿色的海洋一般覆盖未知之地（*terrae incognitae*）。这个悲伤的预言就是出自他："处女森林的逐渐消失把猴子们赶到了一个可能很快就属于传说的空间。人类人口越增长，人类越进步，动物们就越感觉头上压着恐怖而专制的帝国。但是对不用看见就可以找到它们、不用靠近就可以杀死它们的生物，它们能怎样呢?"在那个凯旋的基督教信奉人类要主宰所有其他生物的时代，布丰就像卡桑德拉（Cassandre）①一般，和启蒙运动的学者们意见相左，但他是对的，当时的学者们还没有想到人类有一天会对地球产生整体

① 古希腊神话中的女先知，但预言不被人相信。

影响。

布丰为猴子们的生存而感到担忧。结果呢，2017年1月，超过30名人类学家和灵长目学者在《科学进展》（*Science Advances*）杂志上证实了这糟糕的担忧：在非洲、马达加斯加和亚洲的热带生活的504种灵长目之中，60％面临灭绝威胁，75％的数量严重下降。[12]

野生生命正在逝去。这一局面无法挽回。更糟的是在全球层面，受到威胁的是我们所知道的生命。受到灭绝威胁的物种红名单里列出了85 604个被研究物种中的24 307个：42％的两栖类，13％的鸟类和26％的哺乳动物。30％的鲨鱼和鳐鱼，33％的构成暗礁的珊瑚和34％的球果植物也未能幸免。[13] 主要原因是我们人类的扩张，我们对土地的有形占用。我们到处安营扎寨，没有给野生生命留任何地方，而在2017年我们还只有75亿人口。[14] 到了2050年我们将有96亿人口的时候会发生什么呢？到了2100年我们人类有110亿了呢？自2008年以来，超过50％的人口生活在城市中，它们所需要的公路和农用空间是极大的。[15] 在军队守卫的“诺亚方舟庇护所”以外的地方（就像非洲的保护地的情况），人类对于露出水面的陆地的影响让大型野生物种的生存希望渺茫。

还剩下海洋，我们最后的大荒野，如今还是很难到达，但已经受到了威胁：对于人类食用的鱼类物种的过度捕捞，海岸被毁，所有沿海物种被灭。[16] 如果我们不想发生无可挽回的局面，就需要迅速行动。

为了拍摄影片《海洋》，我们曾梦想要拍摄神秘的长江豚。但我们没能看见它们。

再也不会有人见到它们了。因为长江豚（白鳍豚，*Lipotes vexillifer*）再也没有了。作为捕鱼、污染、大江治理、人类不受控制的发展的受害者，“神-豚”不可避免地被大家漠视。1979 年白鳍豚被宣告受到灭绝威胁，当时还有超过六千头，到了 1996 年被列入极危物种。自 2007 年以来，该物种已经官宣灭绝。长江豚是 21 世纪第一个消失的水生哺乳动物。我们的责任重大，因为我们早就知道所有威胁到它的东西。科学家们及时发出了警告，并且为保存它提供了所有必需的信息。

但是他们的论据说服得了我们的理性，却无力促使决策者们将海豚从灭绝的威胁中拯救出来。如果我们不是将它作为一个研究对象而感兴趣，它会消失吗？小头鼠海豚（*vaquita*），科尔特斯海（Cortés）的小型鼠海豚（*Phocoena sinus*）会是下一个因为人类粗心大意而登上令人悲伤的灭绝物种名单的那个吗？早在 20 多年前警报就拉响了，当时还剩几千头。到了 2017 年，它们只有 30 多头了。是的，您没看错，30！我们有没有为了拯救它们而采取严厉的措施呢？甚至都没有。

*

## 生态健忘症：遗忘和幻想

这个星球是否太小了，容不下我们和地球共居者们分享呢？不，但是失去了和自然的身体接触，让我们陷入毁灭性的生态健忘，使我们在普遍的漠视中抹去了野生的未驯服物种的栖息地。在我们的脑海里，没有给其他物种留下地方。

因为我们不仅从物理上抹去了其他物种，还从智力上、精神上抹去。从一代人到另一代，生态健忘症发生在我们每个人身上。确实，我们每个人都把自己在孩童时期发现的自然当作初始状态。这种自然状态在某种意义上是我们的零点，经常建立在印象、不确切的记忆之上。就这样，一代代人过去，我们接受了不可接受的贫乏化，因为我们不能衡量这场灾难的整体规模。而且我们难以相信，古代作者们所谈论的让人迷路的密不透风的森林，所歌唱的河里的鱼儿密集到连船都没法前进。应该一读再读马塞尔·德·塞尔的著作《各种动物，尤其是鸟类和鱼类迁徙的原因》（*Des causes des migrations des divers animaux et particulièrement des oiseaux et des poissons*）。[17] 而且，当我重读自己的潜水日志时，有时我会怀疑这些记录的准确性，需要用照片和影片来将我的回忆变得客观。全世界的科学家应当将自己的努力汇集在一个统一的十年项目之中，来清点海洋生命，让被遗忘的生命浮出水面，这样我们才能正视这场灾难。[18] 失忆和身体上的远离导致野生生命被虚拟化，如今完全成了幻想。我们的脑子里再没有地方留给真正的自然。这种日益严重的无知滋养了最为疯狂的幻想，不理性的害怕或者傻兮兮的崇拜，这让世界日益"迪斯尼化"。动画片取代了纪录片，在这些片子里，长毛绒鲨鱼或过分血腥的动物并肩站在领奖台上。

海豚养殖观赏场利用了这种远离，并且让人以为"那些无法到自然中去的人们"可以遇见逆戟鲸和海豚。而这种欺骗还真有效。海豚养殖观赏场给出的是鲸目动物的错误印象。这些被养殖的动物们被迫成为的不过是集市上的牲口，是鲸目动物的仿制品：它们有鲸的外形，却没有鲸的生活。确实，一个物种并不仅仅因为外形而被定义，而是通过它和其他物种、环境和同类的互动。在囚禁的状态之下，所有这一切都被摧毁、被消灭、被否定。让公众认为鲸是一种会推皮球的动物，至少是可悲且可笑的。海豚养殖观赏场拥护者的教育说辞是最糟糕的，因为把动物作为小丑来展示并不能实现教育，而是扭曲。它给出的是我们本应该和其他生物，更广泛地说，和我们的地球野生共居者所有关系的一种灾难性认知：它让我们以为野生生命应当服从于我们平庸的意志。从这种想法到认为其他人应该服务我们，就只有一步之遥。这是我们能给孩子们的最糟糕的启示。

*

## 那为什么要保护野生生命呢？

为什么要为抹香鲸、狼、大象和大猩猩这些另一个时代的巨兽留出地盘，它们既不能带来经济利益，在我们的城市和虚拟世界之中也不再是数字上的必需？对于人科动物而言，到底是否需要野生生命呢？

野生的生命对于生物的适应性不可或缺。它是唯一能够持续创造为了适应我们星球的变化而必需的多样性的。因为它没有计划。它繁殖，仅此而已。幸运的是，这种繁殖的不完美性，那种绝妙的错误，在每个复制品中所产生的变化系统地在个体之间造就了不同。这种本质上的不同是多样性和物种形成的源头。在生态变化危及已经非常适应被颠覆的生态系统的物种时，它能让生命总是找到应对的办法。生命，就是适应性，而其才华所在，就是“复制—错误”。

和我们人类所实践的选择所不同的是，自然的选择是非常宽容的。它保存了一切和其相反的东西，只要能够繁殖下去。因为它并不挑挑拣拣，如同我们为了人为的变化而做的那样，它并不分开选择每个特征。不，自然作出的是整体的选择，“形态—生理—行为”。当然了，一种有利的特征很有希望被自然选择选中，因为它能促进团体的繁殖，并且通过繁殖来保存那些神奇的或者无用的特征。它还能保存那些有些不利的特征，只要它们并不妨碍繁殖。[19]

35 亿年以来，自然创造了多样性。它没有需要过我们，它自己就能干得很好。它并没有选择一个“超级生物”。不，恰恰相反，它提供了生活在这个星球上的无数种办法。每一秒钟，它都在提供新事物。

与之相反的是，我们人类拥有计划，我们选择或者改变基因以获取一个完美适应特定文化时空的生命。然而，这种特定的文化时空并不存在：它不断在演化。结果就是，这个绝妙适应的生命注定只能适应它所孕育的那个时刻。它只是停车道上的那根停车线。如果这个新的生物只是为自然创造的多样性添砖加瓦，这并不要紧。但是我们不断强加同样的完美选择，让生物多样性减弱。这是一种可怕且致命的孤独。我们对动植物物种的选择削弱了地球上生命的适应潜力。

自然没有任何计划，它不带偏见地不断创造新事物。无用，例如某一时刻的残障，可以是第二天的优势所在。就这样，鱼儿早在 5 亿年前的奥陶纪就获得了连着鳍的上肢带和骨盆带——这在能量上是非常奢侈的，而且并非真的有用——这要等到 3.9 亿年前，脊椎动物离开水到陆地上行走才是必须用上的。[20]

在我们不断变化的地球上，生命从来都不是完美地适应的，生命不断地在生成，永远在演化，永远在适应。野生的生命，就是适应性。

*

## 野生生命能给我们带来什么？

生命是联系。每个物种在生态系统中都有一个位置，这个位置由它和其他生物以及物理环境的关系和互动决定。物种越复杂，关系就越多且复杂，它的消失对于其他物种和整个生态系统的影响也越大。抹香鲸是一种非常复杂的动物。它有非常重要且众多的关系，即使其粪便和尸体也是深海生态系统的居民们所不可缺少的，它们以此为食。它的消失会影响整个生态系统。当一个物种消失时，那是活体组织的一环散开了，而且，不要搞错了，我们也是这个组织的一部分。

生命的多样性和文化的多样性造就了这个星球的丰富性。我们的地球没有野生的生命会是什么样子？没了抹香鲸？没了大象？没了大猩猩？这就有点像您问我，世界没了莫扎特会怎样，没了伦勃朗会怎样。不会太不同，同时却深深地不一样了！

每当我们失去一个物种，就有点像失去了一幅大师之作；每当我们毁灭了一片冲积平原上的森林、一处珊瑚礁，就好像我们毁坏了卢浮宫。这不是太严重，我们能继续活下去，但这从本质上讲非常严重，因为我们失去的是我们人性的一部分。

我们失去了大海牛、长江豚，很快我们会失去科尔特斯海的鼠海豚和我们的灵长目表兄。它们的逝去不会阻碍我们继续活着，不会比肖维洞穴（Chauvet）的壁画消失更严重。然而，每一次，那都是我们的世界在缩小。

我们想要生活在一个怎样的世界中？一个受控制的世界？在那样的世界里，对自然的记忆将被保存于巨型水族馆和动物园？我们会梦想有一个充满玉米地、水产养殖场、树木种植园的地球吗？只有野生生命的无可预见性才能满足我们的梦想。那是一扇通往奇迹的大门。

我将羞于对孩子们说："我遇见过大白鲨、抹香鲸、海鳄和蓝鲸。我从最后的大型未驯化的动物身上受过益。它们给我带来了深刻的、颠覆性的快乐，我没能将这些传给你们。出于贪婪、无知和漠视，我毁了它们，更糟糕的是，我没有为阻止它们消失做过任何事。"

野生的生命能让我们向他者敞开。当我们尝试沉浸于野生动物的客观世界去更好地理解它们时，我们肯定是向其他族群的哲学和宇宙起源说敞开自我，它们和我们简化的笛卡尔主义相去甚远。确实，我们的科学是在我们的宇宙起源说中发展起来的，而这种宇宙起源说只是其他各种中的一种。"时至今日，许多族群还完全不共用这个我们所特有的宇宙起源说［解释宇宙的物理科学定律］。”[21]

或许如此，那就让我们更加关注那些原始人，他们不能理解我们可以占有大地和海洋，他们甚至没有词汇去表达对自然的占有，更不用说把活体生物进行专利注册。对于土地、水、空气和宇宙间的生物的占有是一种西方的概念，这对他们而言是完全不可理解的。因此，苏族人（Sioux）是这样答复那些想要购买他们土地的人的：“我没法把这块地卖给你们，因为我并不拥有它。我属于这块地。”[22]

为什么要让自己失去野生生命呢？这是一种进步吗？用下水道代替河流就是进步了吗？拥有没有生物的海洋就更好吗？有一片停车场而不是森林就是财富吗？我们不能做得更好了吗？要保存生命是如此简单：只要停止攻击它。

但愿没有人再用“食物生产必须增长以满足人类的需求”为论据。总之，在现有的经济系统中是行不通的，这个系统不是为了满足所有人的需求而生，而仅仅是针对有偿付能力的需求。没错，在我们的系统中，我们可以通过毁坏森林和海洋来产出十倍的食物，但这种超量的产出不会帮到饥饿的人，帮不上那些有需要的人，因为它们对于最贫困的人而言总是太贵了。没有哪个为肥料、杀虫剂、收获、运输、储藏而花钱的生产者会把食物给予那些有需要的人。

抹香鲸有什么用？是否必须要知道活的生物有什么用处才去照管它们？我们会对艺术品问这个问题吗？我很可能永远都不会见到拉斯科（Lascaux）岩画或是肖维洞穴画，然而我为这些大师之作得以保存而深感幸福。它们让人类变得丰富。物种多样性和文化多样性是星球的丰富性。正因为它们没什么用，才有必要让最为离奇的生物能够存在。

如果我们用是否有用来筛选，用能否赚钱来判断什么应该得到保存，我们会留下什么呢？把这个标尺放在哪儿呢？更何况标准随着时间、空间、文化传统、哲学等会变。我自己呢，我有用吗？我会被保留吗？相反，如果我们给抹香鲸、蓝鲸、大白鲨、大猩猩和大象所有这些庞然大物、所有微不足道的生物，所有没有任何用处的、所有我们永远不会遇上的、所有我们都不知道存在的生物留有一席之地，那么我们也会懂得尊重我们当中的每一个，他们的不同是一种财富。[23]

抹香鲸埃利奥不计回报地和他者相遇，它建立了在它的野性世界中对它没有任何用处的一种关系。但这对我们人类而言是不可缺少的，因为这种关系是自由赋予的礼物，没有计较，无所谓钱财上的收益。它是从容而平静的。而这种平和具有感染力。

我们所创造并沉浸其中的虚拟世界能够带来消遣，

带来帕斯卡意义上的娱乐。它们可以产出更多的信息，但不是知识，因为要认识，就需要遇见。虚拟可以满足智力，但是没法满足对于关系的需求。野生的生命呢，能带来平和、从容。它滋养心灵和灵魂。

事实上，我们想要成为怎样的人类呢？确实，定义我们的难道不是同野性世界的关系吗？我们衡量自己的人性，在自己和其他非人物种之间的不同，难道不是通过尊重其他物种、尊重我们的地球共居者实现的吗？

没有哪种其他生物会提出保存和尊重其他生物的问题。这个问题是我们人类所特有的，因此答案也是暗含的。构建我们、定义我们的是这份尊重。相反，每个因我们而消逝的物种都是一桩耻辱，是对我们的否定。我们每让一个野生物种消失，我们所毁灭的都是自身的一点人性。

让我们具有人性的是对抹香鲸、对莫比·迪克的后代和所有我们的地球共居者的尊重。

# 注　释

## 第 1 章　海洋里的君主

1. 马蒂亚斯·马塞（Matthias Macé），《鲸类解剖及生理学要素：水中生活的适应性》（*Éléments d'anatomie et de physiologie des cétacés. Adaptations à la vie aquatique*），2016 年，http://docplayer. fr/15447389-Elements-d-anatomie-et-de-physiologie-des-cetaces-adaptationsa-la-vie-aquatique. html；http://matthias. mace. pagesperso-orange. fr/matthias/PDF/anatomie _ et _ physiologie _ cetaces. pdf。
2. 同上。
3. 奥利维耶·朗贝尔（Olivier Lambert）等，《秘鲁中新世食肉抹香鲸的巨嘴》（"The Giant Bite of a New Raptorial Sperm Whale from the Miocene Epoch of Peru"），《自然》（*Nature*），第 466 期，2010 年，第 105—108 页。
4. 多萝特·克雷默斯（D. Kremers）等，《鲸目动物的感官知觉（第二部分）：海豚化学感应的实证研究未来可期》（"Sensory Perception in Cetaceans. Part Ⅱ: Promising Experimental Approaches to Study Chemoreception in

Dolphins”)，《生态与进化前沿》（*Frontiers in Ecology and Evolution*）第 4 期，2016 年，第 50 页。

5. 冯平（Feng Ping）等，《齿鲸与须鲸味觉受体基因的大量缺失》（“Massive Losses of Taste Receptor Genes in Toothed and Baleen Whales”），《基因生物学动态》（*Genome Biol. E.*），2014 年第 6 卷，第 1254—1265 页。
6. 马蒂亚斯·马塞，《鲸类解剖及生理学要素：水中生活的适应性》，前揭。
7. 贝特尔·莫尔（Bertel Mohl），《抹香鲸鼻子里的声音传播，抹香鲸尸检研究》（“Sound Transmission in the Nose of the Sperm Whale, *Physeter catodon*. A Post Mortem Study”），《比较生理学》（*J. Comp. Physiol.*），第 187 卷，2001 年第 5 期，第 335—340 页。
8. 马蒂亚斯·马塞，《鲸类解剖及生理学要素：水中生活的适应性》，前揭。
9. 法比耶纳·德尔富尔（Fabienne Delfour），个人通信，2017 年；皮埃尔·茹旺坦（Pierre Jouventin）、蒂埃里·奥班（Thierry Aubin），《声学系统适应繁殖生态学：筑巢企鹅的个体识别》（“Acoustic Systems Are Adapted to Breeding Ecologies: Individual Recognition in Nesting Penguins”），《动物行为》（*Animal Behaviour*），第 64 期，2002 年，第 747—757 页，第 143 页。
10. 卡伦·埃万斯（K. Evans）、马克·A. 欣德尔（Mark A. Hindell），《澳大利亚南部水域雌性抹香鲸的年龄结构与成长》（“The Age Structure and Growth of Female Sperm Whales [*Physeter macrocephalus*] in Southern Australian Waters”），《伦敦动物学协会杂志》（*J. Zool. Lond.*），第

263 期，2004 年，第 237—250 页。

11. R. 克拉克（R. Clarke）、O. 帕利萨（O. Paliza）和 L. A. 阿瓜约（L. A. Aguayo），“太平洋东南部的抹香鲸。第四部分：肥胖、食物与饲养”（“Sperm Whales in the Southeast Pacific. Part Ⅳ: Fatness, Food and Feeding”），《鲸目动物调查》（*Investigations on Cetacea*），第 21 卷，1988 年，第 53—195 页。
12. T. 卡瓦卡米（T. Kawakami），《抹香鲸食物报告》（“A Review of Sperm Whale Food”），《鲸类研究院科学报告》（*Sci. Rep. Whales Research Institute*），第 32 卷，1980 年，第 199—218 页。
13. 海洋巨型动物保护组织（Marine Megafauna Conservation Organization），网址：http://marinemegafaunaconserv-ation.org，2017 年；M. 韦伊（M. Vély）、S. 福塞特（S. Fossette）、H. 维特里（H. Vitry）和 M. P. 海德-约尔根森（M. P. Heide-Jørgensen），《白鲸计划：印度洋中卫星定位的抹香鲸行动与行为》（*Maubydick Project: Movements and Behaviour of Satellite Tagged Sperm Whales in the Indian Ocean*），海洋哺乳动物学协会（Society for Marine Mammalogy），双年讲座（旧金山），公告，2015 年。
14. M. 韦伊等，前揭；达尼埃尔·茹阿内（Daniel Jouannet），个人通信，2015 年。
15. 哈尔·怀特黑德（Hal Whitehead），《抹香鲸：海洋中的社会演变》（*Sperm Whales. Social Evolution in the Ocean*），芝加哥大学出版社（The University of Chicago Press），2003 年。
16. 伊夫·科阿（Yves Cohat），《鲸的生与死》（*Vie et mort des*

*baleines*)，伽里马出版社（Gallimard），“发现”丛书（coll. “Découvertes”），1986年，第57页。

17. 谢里尔·罗萨（Cheryl Rosa）等，《基于天冬氨酸外消旋作用的1998年至2000年间猎获的弓头鲸年龄估算及外消旋作用率和体温的关系》（“Age Estimates Based on Aspartic Acid Racemization for Bowhead Whales [*Balaena mysticetus*] Harvested in 1998 – 2000 and the Relationship between Racemization Rate and Body Temperature”），《海洋哺乳动物科学》（*Marine Mammal Science*），第29卷，2013年第3期，第424—445页。

## 第2章　屠杀诸神

1. 阿德里安·克嫩（Adriaen Coenen），《鲸之书：1585年阿德里安·克嫩所描述的鲸与其他海洋动物》（*The Whale Book: Whales and Other Marine Animals As Described by Adriaen Coenen in 1585*），反应书籍出版社（Reaktion Books Ltd.），2003年。
2. 塞尔日·卡桑（S. Cassen），《马内·吕德图录：新石器时代的走廊墓葬墙壁上所刻记号解析（莫比尔昂省，洛克马里亚凯尔）》（“Le Mané Lud en images. Interprétation de signes gravés sur les parois d'une tombe à couloir néolithique [Locmariaquer, Morbihan]”），《加利亚史前史》（*Gallia-Préhistoire*），第49卷，2007年，第197—258页；塞尔日·卡桑，《变动中的马内·吕德。（莫比尔昂省）洛克马里亚凯尔新石器时代一处建筑中的标记一览》（“Le Mané Lud en mouvement. Déroulé de signes dans un ouvrage néolithique de pierres dressées à Locmariaquer [Morbihan]”），

《地中海史前史》(*Préhistoires méditerranéennes*),第 2 期,2011 年,第 11—69 页。

3. 科阿(Cohat),前揭。
4. 赫尔曼·梅尔维尔(Herman Melville),《白鲸》(*Moby Dick*),吕西安·雅克(L. Jacques)、若昂·斯米特(J. Smith)及季奥诺(J. Giono)译,“页码经典丛书”(“Folio Classique”),伽里马出版社,1980 年(1851 年原版),第 729 页。
5. 菲比·雷(Phoebe Wray)和肯尼思·R. 马丁(Kenneth R. Martin),《西印度洋鲸类历史记录》(“Historical Whaling Records from the Western Indian Ocean”),《国际鲸类委员会报告》(*Rep. Int. Whal. Commn.*),特刊 5,SC/32/08,1980 年,第 213—241 页。
6. 马塞尔·德·塞尔(Marcel de Serres),《各种动物迁徙的原因》(*Des causes des migrations des divers animaux*),拉尼兄弟出版社(Lagny Frères),1845 年,第 60、65、58 页。
7. 大隅诚司(Seiji Ohsumi),《北太平洋现代捕鲸抓获抹香鲸》(“Catches of Sperm Whales by Modern Whaling in the North Pacific”),《国际鲸类委员会报告》,特刊 2,SC/SPC/1,1980 年,第 11—18 页。
8. 克洛德·帕凯(Claude Paquet),《北大西洋最后的抹香鲸猎人》(*Les Derniers Chasseurs de cachalots en Atlantique nord*),2006 年,网址:,https://archive.org/details/LesDerniersChasseursDeCachalotsEnAtlantiqueNord;帕卡莱(Paccalet)和 J.-Y. 库斯托(J.-Y. Cousteau),《鲸的星球》(*La Planète des baleines*),罗贝尔·拉丰出版社(Robert Laffont),1986 年。

9. 国际鲸类委员会（Commission baleinière internationale, CBI），网址：https://iwc.int/iwcmain-fr。
10. 伊夫·帕卡莱（Yves Paccalet），《国际鲸类委员会的模棱两可》（"Les ambiguïtés de la Commission baleinière internationale"），《卡吕普索学》（*Calypsolog*），第44期，1986年，第8—9页。
11. 国际鲸类委员会（International Whaling Commission），网址：https://iwc.int/biennial reports-of-the-iwc，报告三，《鲸目动物和生态系统服务决议》（"Resolution on Cetaceans and Ecosystem Services"），2016年10月。
12. 怀特黑德（Whitehead），前揭，第131页。
13. 伊夫·帕卡莱，《凯库拉的抹香鲸》（"Les cachalots de Kaikoura"），《卡吕普索学》，第62期，1987年，第4—5页。
14. 弗朗索瓦·萨拉诺（François Sarano），《邂逅野性：四十年潜水观察思考录》（*Rencontres sauvages. Réflexion sur quarante ans d'observations sous-marines*），加普出版社（Gap），2011年，第208页。
15. 弗朗索瓦·萨拉诺和斯特凡娜·迪朗（Stéphane Durand），《海洋》（*Océans*），瑟伊出版社（Seuil），2009年，第223页。

## 第3章 重生

1. 库尔特·阿姆斯勒（Kurt Amsler），个人通信，2017年。
2. 咯哒声和嘎吱声用作声音表达，由多下咔嚓声组成，其发出的节奏多少一成不变——参见第10章。
3. 弗雷德里克·巴瑟马尤斯（Frédéric Bassemayousse），个人通信，2017年。

4. 怀特黑德（Whitehead），前揭，第 xxi 页。
5. 让-保罗·福托姆-古安（J. P. Fortom-Gouin）和 S. J. 霍尔特（S. J. Holt），《建议限制抹香鲸雌性零抓捕的理由》（"Reasons for Recommending Zero Female Catch Limits for Sperm Whales"），《国际鲸类委员会报告》，特刊 2，SC/SP 78/33，1980 年，第 261—262 页。
6. 大隅诚司（Seiji Ohsumi），《北太平洋抹香鲸数量估算》（"Population Assesment of the Sperm Whaling in the North Pacific"），《国际鲸类委员会报告》，特刊 2，1980 年，SC/SPC/3，第 31—42 页。
7. 怀特黑德（Whitehead），前揭，第 261 页。
8. 国际自然保护联盟（Union internationale pour la conservation de la nature，UICN），红名单，2016 年，网址：http://uicn.fr/liste-rouge-mondiale/。
9. 福托姆-古安和霍尔特，前揭，第 261—262 页。
10. 国际鲸类委员会，《抹香鲸专刊》（*Sperm Whale Special Issue*），1980 年；P. B. 贝斯特（P. B. Best），《德班海域的抹香鲸怀孕率》（"Pregnangy Rates in Sperm Whales off Durban"），《国际鲸类委员会报告》，特刊 2，SC/30/Doc 33，1980 年，第 93—97 页。
11. 怀特黑德（Whitehead），前揭，第 123 页。

## 第 4 章　长久以来所隐匿的

1. 法比耶纳·德尔富尔（Fabienne Delfour），个人通信，2017 年。
2. O. I. 利亚明（O. I. Lyamin）等，《水族的睡眠》（"Sleep in Aquatic Species"），见《睡眠百科全书》（*The Encyclopedia*

*of Sleep*），C. 栉田（C. Kushida）主编，爱思唯尔出版社（Elsevier），2013 年，第 1 卷，第 57—62 页，网址：http://www.sleep.ru/lib/Lyamin_aquatic_Encyclopedia_Kushida_ch13.pdf。

3. P. J. O. 米勒（P. J. O. Miller）等，《抹香鲸典型睡眠行为》（"Stereotypical Resting Behavior of the Sperm Whale"），《当代生物学》（*Curr. Biol.*），第 18 期，2008 年，第 21—23 页，网址：http://www.nature.com/news/2008/080221/full/news.2008.613.html。
4. 法比耶纳·德尔富尔，个人通信，2017 年；法比耶纳·德尔富尔，《海洋哺乳动物和它们与人类关系的精神现象学》（*Étho-phénoménologie des mammifères marins et de leurs relations avec l'homme*），指导研究资格证，巴黎十三大学（Paris-XIII），2014 年。
5. 菲利普·德科拉（Philippe Descola），《黄昏之矛：希瓦罗人，上亚马逊地区》（*Les Lances du crépuscule: relations jivaros, haute Amazonie*），普隆出版社，1993 年，第 41 页。
6. 阿尔邦·邦萨（Alban Bensa），《论人种志的关系》（"De la relation ethnographique"），《调查》（*Enquête*），第 1 期，1995 年，第 132 页，网址：http://enquete.revues.org/268。
7. 怀特黑德（Whitehead），前揭，第 133 页。
8. 雷吉斯·阿贝耶（Régis Abeille），《抹香鲸咔嚓声脉冲间隔的严谨提取算法》（*Algorithmes d'extraction robuste de l'intervalle-inter-pulse des clics de cachalots*），博士论文，南方大学（université du Sud），土伦，2013 年。
9. 莫尔（Mohl），前揭；J. C. 戈登（J. C. Gordon），《从抹香鲸的发声法来决定寿命长短的方法评估》（"Evaluation of a

Method for Determining the Length of Sperm Whales [*Physeter catodon*] from Their Vocalizations"),《伦敦动物学协会杂志》，第224期，1991年，第301—314页。参见第10章，波形图二。

10. 怀特黑德（Whitehead），前揭，第369页。
11. 同上，第146页。

## 第5章 歪嘴伊雷娜的族群

1. 托尼·吴（Tony Wu），网址：http://www.atlasobscura.com/articles/photographing-a-superpod-of-sperm-whales, 2016年。
2. 怀特黑德（Whitehead），前揭，第134页。
3. 多米尼加抹香鲸计划（Domenica Spermwhale Project），网址：http://www.thespermwhaleproject.org。
4. D. W. 赖斯（D. W. Rice），《抹香鲸林奈1758》("Sperm Whale *Physeter macrocephalus* Linnaeus 1758"),《海洋哺乳动物手册》(*Handbook of Marine Mammals*)，第4卷，S. H. 里奇韦（S. H. Ridgway）和R. 哈里森（R. Harrison）主编，学术出版社，伦敦，1989年，第177—233页；怀特黑德（Whitehead），前揭，第267页。
5. 怀特黑德（Whitehead），前揭，第271页。
6. 吕霍尔姆（Lyrholm）等，前揭。
7. 保罗·蒂克西尔（Paul Tixier），个人通信，2017年。
8. P. B. 贝斯特（P. B. Best），《抹香鲸社会组织》("Social Organisation in Sperm Whales, *Physeter macrocephalus*")，见《海洋动物行为》(*Behavior of Marine Animals*)，E. 温·霍华德（E. Winn Howard）和奥拉·博里（Olla Bori）主编，施普林格出版社（Springer），1999年，第227—289页。

## 第 6 章　我为人人，人人为我！

1. C. 洛克耶（C. Lockyer），《抹香鲸成长与能量估算》（"Estimates of Growth and Energy Budget for the Sperm Whale, *Physeter catodon*"），《联合国粮食及农业组织渔业系列：海洋哺乳动物》（*FAO Fisheries Series. Mammals in the Seas*），J. G. 克拉克（J. G. Clark）主编，第 3 卷，1981 年，第 489—504 页。
2. 同上。
3. P. B. 贝斯特（P. B. Best）和 P. A. S. 坎汉（P. A. S. Canham）和 N. 麦克劳德（N. Macleod），《抹香鲸繁殖模式》（"Patterns in Reproduction of Sperm Whales, *Physeter macrocephalus*"），《国际鲸类委员会报告》，特刊 6，1984 年，第 51—79 页。
4. 哈尔·怀特黑德（Hal Whitehead），《抹香鲸中的托婴、同步潜水和异亲照管迹象》（"Babysitting, Dive Synchrony, and Indications of Alloparental Care in Sperm Whales"），《行为生态学和社会生物学》（*Behav. Ecol. Sociobiol.*），第 38 卷，第 4 期，1996 年，第 237—244 页；哈尔·怀特黑德，前揭，2003 年，第 262 页。
5. 戈登（Gordon），1987 年，见怀特黑德（Whitehead），前揭，2003 年，第 264 页。
6. 肖恩·海因里希（Shawn Heinrichs），网址：https://www.youtube.com/watch?v=srfp3kebv-a，2013 年。
7. 大卫·W. 韦勒（D. W. Weller）等，《墨西哥湾中的抹香鲸和短肢领航鲸之间互动的观察》（"Observations of an Interaction between Sperm Whales and Short-Finned Pilot Whales in the Gulf of Mexico"），《海洋哺乳动物科学》，第

12 期，1996 年，第 588—589 页。

8. M. 戈登 · 布格哈特（M. Gordon Burghardt），《创造力、玩耍和演化节奏》（"Creativity, Play, and the Pace of Evolution"），《动物创造力和创新》（*Animal Creativity and Innovation*），阿莉森 · B. 考夫曼（Allison B. Kaufman）和詹姆斯 · C. 考夫曼（James C. Kaufman）主编，爱思唯尔出版社，2015 年，第 135 页。

## 第 7 章　探险家埃利奥

1. 布格哈特（Burghardt），前揭。
2. 罗宾 · D. 保罗斯（Robin D. Paulos）、玛丽 · 特罗纳（Marie Trone）和斯坦 · A. 库查伊 Ⅱ（Stan A. Kuczaj Ⅱ），《野生及俘获鲸目动物的游戏》（"Play in Wild and Captive Cetaceans"），《国际比较心理学杂志》（*International Journal of Comparative Psychology*），第 23 期，2010 年，第 701—722 页。
3. 萨拉诺（Sarano），前揭，2011 年。

## 第 8 章　智力？您说智力吗？

1. 于格 · 维特里（Hugues Vitry），个人通信，2016 年。
2. 法比耶纳 · 德尔富尔（Fabienne Delfour），个人通信，2017 年。
3. 油管频道（YouTube），参考一：https://www.youtube.com/watch?v=wL9I4BxuryY。
4. 弗雷德里克 · 巴瑟马尤斯（Frédéric Bassemayousse），个人通信，2013 年。
5. 油管频道，参考二：https://www.youtube.com/watch?v=

tcXU7G6zhjU。

6. S. 阿尔芒（S. Harmand）等，《肯尼亚西图尔卡纳洛迈奎 3 号 3 300 万年前的石器工具》（“3, 3 Million-Year-Old Stone Tools from Lomekwi 3, West Turkana, Kenya”），《自然》，第 521 卷，2015 年，第 310—315 页。
7. 珍妮特 · 曼（Janet Mann）等，《为什么海豚搬海绵?》（“Why Do Dolphins Carry Sponges?”），《公共科学图书馆 · 综合》（*PLoS ONE*），第 3 卷，2008 年第 12 期，网址：http://dx.doi.org/10.1371/journal.pone.0003868。
8. 油管频道，参考三：https://www.youtube.com/watch?v=bzfqPQm-ThU。
9. 萨拉诺（Sarano）和迪朗（Durand），前揭，第 80—95 页。
10. 纪尧姆 · 樊尚（Guillaume Vincent），《巨人的星球》（*La Planète des géants*），欧洲电影——法国五台（Ciné Films Europe-France 5），2017 年，3′52 分。
11. 同上。
12. 凯特 · 翁（Kate Wong），《令人难以置信的纳莱迪人》（“L'incroyable *Homo naledi*”），见《演化，人类的传奇，科学档案》（*Évolution, la saga de l'humanité, Dossier pour la science*），第 94 期，2017 年，第 39—45 页。
13. 布鲁诺 · 科齐（Bruno Cozzi）等，《抹香鲸皮质化中空前的性别二态》（“An Unparalleled Sexual Dimorphism of Sperm Whales Encephalization”），《国际比较心理学杂志》，第 29 期，2016 年。
14. 洛里 · 马里诺（Lori Marino），《鲸目脑：它们有多少水?》（“Cetacean Brains: How Aquatic Are They?”），《解剖学记录》（*The Anatomical Record*），第 290 期，2007 年，第

694—700页；洛里·马里诺，《海豚脑：灵长目复杂智力的其他选择》（*Dolphin Brains: An Alternative to Complex Intelligence in Primates*），2015年，讲座网址：https://www.youtube.com/watch?v=y-x9NgnZrdI。

15. 弗朗斯·德·瓦尔（Frans de Waal），《我们是否太蠢理解不了动物的智力?》（*Sommes-nous trop bêtes pour comprendre l'intelligence des animaux?*），解放的关系出版社（Les Liens qui libèrent），2016年。
16. 法比耶纳·德尔富尔，《动物-主体的意识、痛苦和安好》（"Conscience, souffrance et bien-être de l'animal-sujet"），见《强者逻辑：动物们被否定的意识》（*La Raison des plus forts: la conscience déniée aux animaux*），P.茹旺坦（P. Jouventin）等主编，依鄙人之见出版社（Imho），2010年，第123—146页。
17. 马里诺（Marino），前揭，2007年。
18. 帕特里克·R.霍夫（Patrick R. Hof）和埃斯特尔·范德古特（Estel Van der Gucht），《座头鲸（鲸目、须鲸亚目、须鲸科）大脑皮质结构》（"Structure of the Cerebral Cortex of the Humpback Whale, *Megaptera novaeangliae* [Cetacea, Mysticeti, Balaenopteridae]"），《解剖学记录》，第290卷，2007年第1期，第1—139页；C.布蒂（C. Butti）、C. C.舍伍德（C. C. Sherwood）、A. Y.哈基姆（A. Y. Hakeem）、J. M.奥尔曼（J. M. Allman）和P. R.霍夫（P. R. Hof），《鲸目动物大脑皮质中冯·埃科诺莫神经元的总数量和体积》（"Total Number and Volume of Von Economo Neurones in the Cerebral Cortex of the Cetaceans"），《比较神经学杂志》（*The Journal of Comparative Neurology*），第515期，

2009 年，第 243—259 页。

19. J. M. 奥尔曼（J. M. Allman）、A. 哈基姆（A. Hakeem）、J. M. 欧文（J. M. Erwin）、E. 尼姆钦斯基（E. Nimchinsky）和 P. R. 霍夫（P. R. Hof），《前扣带皮层：情感与认知之间的交界面演化》（"The Anterior Cingulate Cortex: the Evolution of an Interface Between Emotion and Cognition"），《纽约科学院年报》（*Annals of the New York Academy of Sciences*），第 935 卷，2001 年，第 107—117 页。

20. 霍夫（Hof）和范德古特（Van der Gucht），前揭。

21. D. 赖斯（D. Reiss）和 L. 马纳里诺（L. Manarino），《瓶鼻海豚的自我认知：一个认知融合的案例》（"Self-Recognition in the Bottlenose Dolphin: A Case of Cognitive Convergence"），《美国国立科学院会议记录》（*Proceedings of the National Academy of Sciences USA*），第 98 卷，2001 年第 10 期，第 5937—5942 页；法比耶纳·德尔富尔，《海洋哺乳动物在镜子面前——身体经验到自我认知：与现象学探寻结合的认知行为方法论》（"Marine Mammals in Front of the Mirror-Body Experiences to Self-Recognition: A Cognitive Ethological Methodology Combined with Phenomenological Questioning"），《水生哺乳动物》（*Aquatic Mammals*），第 32 卷，2006 年第 4 期，第 517—527 页；法比耶纳·德尔富尔和奥利维耶·亚当（Olivier Adam），《与海豚对话》（"Dialogue avec les dauphins"），见《动物革命：动物们如何变得聪慧》（*Révolutions animales. Comment les animaux sont devenus intelligents*），卡里纳·卢·马提翁（Karine Lou Matignon）主编，德法公共电视台出版社-解放的关系

出版社（Arte éditions-Les Liens qui libèrent），2016年，第10章，第175—184页。
22. 德尔富尔（Delfour），前揭，2010年。
23. 鲍里斯·西鲁尔尼克（Boris Cyrulnik），《动物的精神理论》（“Théorie de l'esprit chez les animaux”），《心理科学》（*Sciences Psy*），第7期，2016年，第40—46页。
24. J. 大卫·史密斯（J. David Smith）和大卫·A. 沃什布恩（David A. Washbum），《动物的不确定检测和元认识》（“Uncertainty Monitoring and Metacognition by Animals”），《美国心理学会》（*American Psychological Society*），第14卷，2005年第1期，第19—24页。
25. 西鲁尔尼克（Cyrulnik），前揭。
26. 西蒙·巴龙-科恩（S. BBaron-Cohen）、A. M. 莱斯莉（A. M. Leslie）和U. 弗里思（U. Frith），《自闭儿童是否有“精神理论”?》（“Does the Autistic Child have a《Theory of Mind》?”），《认知》（*Cognition*），第21卷，1985年第1期，第37—46页。
27. 罗伯特·L. 皮特曼（Robert L. Pitman）等，《虎鲸捕食抹香鲸：观察与结果》（“Killer Whales Predation on Sperm Whales: Observations and Implications”），《海洋哺乳动物科学》，第17卷，2001年第3期，第494—507页。

## 第9章　集体的温情

1. 怀特黑德（Whitehead），前揭，2003年，第280页。
2. 马库斯·施内克（Marcus Schneck），《大象，非洲和亚洲的和平巨人》（*Éléphants, paisibles géants d'Afrique et d'Asie*），大象之友出版社-PML出版社（Elefriends-pml éditions），

1991 年。
3. 樊尚（Vincent），前揭，第 3 集。
4. C. C. 怀廷（C. C. Whiting），《座头鲸干预逆戟鲸猎杀灰鲸幼崽》（“Humpback Whales Intervene in Orca on Gray Whale Calf”），《数字杂志》（*Digital Journal*），2012 年，网址：http://www.digitaljournal.com/article/324348 # ixzz1v8QSlcDm。
5. 油管频道，参考四：https://www.youtube.com/watch?v=7iFzIMZRsoI。
6. 萨姆・琼斯（Sam Jones），《海豚从鲨鱼那里救出游泳者》（“Dolphin Save Swimmers from Shark”），《卫报》（*The Guardian*），2004 年，网址：https://www.theguardian.com/science/2004/nov/24/internationalnews。
7. 网址：https://cl.pinterest.com/pin/138345019775056632/。

## 第 10 章　咔嚓声组成的对话

1. W. A. 沃特金斯（W. A. Watkins），K. E. 穆尔（K. E. Moore）和 P. 泰克（P. Tyack），《加勒比海东南部抹香鲸声音行为调查》（“Investigations of Sperm Whales Acoustic Behaviors in the Southeast Caribbean”），《鲸目学》（*Cetology*），第 49 卷，1985 年，第 1—15 页。
2. 埃尔韦・格洛坦（Hervé Glotin）和瓦朗坦・吉斯（Valentin Gies），物联网科学微小系统（smiot）平台，网址：http://sabiod.org/smiot，2017 年。
3. 奥利维耶・亚当（Olivier Adam），个人通信，2017 年。
4. 法比耶纳・德尔富尔（Fabienne Delfour），个人通信，2017 年。

5. 魏尔加特（Weilgart），1990 年，见怀特黑德（Whitehead），2003 年，第 139 页。
6. 怀特黑德，前揭，2003 年，第 140 页。
7. L. 伦德尔（L. Rendell）和哈尔·怀特黑德，《抹香鲸的铛铛声》（“Vocal Clans in Sperm Whales [*Physeter macrocephalus*]”），《伦敦皇家生物学学会会议记录》（*Proc. R. Soc. Lond. B*），第 270 卷，2003 年，第 225—231 页。
8. 毛里齐奥·康托尔（Mauricio Cantor）等，《多层次的动物社会可以产生自文化传递》（“Multilevel Animal Society Can Emerge from Cultural Transmission”），《自然通讯》（*Nat. Commun.*），第 6 期，文章 8091，2015 年，doi：10. 1038/ncomms9091。
9. S. 杰罗（S. Gero）、哈尔·怀特黑德和 L. 伦德尔（L. Rendell），《抹香鲸咯哒声中的个体、小组和声族层面的身份线索》（“Individual, Unit and Vocal Clan Level Identity Cues in Sperm Whale Codas”），《皇家学会开放科学》（*R. Soc. Open Sci.*），第 3 期：150372，2016 年。
10. 克劳迪娅·奥利韦拉（Claudia Oliveira）等，《抹香鲸咯哒声可能含有个体特征以及族群身份》（“Sperm Whale Codas May Encode Individuality As Well As Clan Identity”），《美国声学学会杂志》（*J. Acoust. Soc. Am.*），第 139 卷，2016 年第 5 期，第 2860—2869 页。
11. G. 帕万（G. Pavan）等，《地中海抹香鲸录下的咯哒声时间模式，1985 年—1996 年》（“Time Patterns of Sperm Whale Codas Recorded in the Mediterranean Sea, 1985 - 1996”），《美国声学学会杂志》，第 107 卷，2000 年第 6 期，第 3487—3495 页。

12. 怀特黑德（Whitehead），前揭，2003 年。
13. 马萨奥·阿马诺（Masao Amano）等，《日本两处水域抹香鲸咯哒声的不同之处：地理隔离可能带来声族隔离》（"Differences in Sperm Whale Codas between Two Waters off Japan: Possible Geographic Separation of Vocal Clans"），《哺乳动物学杂志》（*J. Mammal*），第 95 卷，2014 年第 1 期，第 169—175 页。
14. 奥利韦拉（Oliveira）等，前揭。
15. 蒂埃里·朗加涅（Thierry Lengagne）等，《王企鹅在父母与子女认知方面使用的音节内部的声学签名：一种实验法》（"Intra-Syllabic Acoustic Signatures Used by the King Penguin in Parent-Chick Recognition: An Experimental Approach"），《实验生物学杂志》（*The Journal of Experimental Biology*），第 204 期，2001 年，第 663—667 页。
16. 蒂埃里·奥班（Thierry Aubin），《动物的话语》（"Paroles animales"），见《动物革命：动物们如何变得聪慧》，卡里纳·卢·马提翁主编，德法公共电视台出版社-解放的关系出版社，2016 年，第 X 章，第 149—157 页。
17. V. 雅尼克（V. Janik）和 L. 萨伊格（L. Sayigh），《瓶鼻海豚的交流：50 年的签名研究》（"Communication in Bottlenose Dolphins: 50 Years of Signature Research"），《比较生理学杂志》（*Journal of Comparative Physiology*），第 199 卷，2013 年第 6 期，第 479—489 页；S. 金（S. King）和 V. 雅尼克（V. Janik），《瓶鼻海豚能用学到的声音标记互相沟通》（"Bottlenose Dolphins Can Use Learned Vocal Labels to Address Each Other"），《国家科学院会议记录》（*Proceedings of National Academy of Sciences*），2013 年，

doi：10.1073/pnas.1304459110；特丝·格里德利（Tess Gridley）等，《印太瓶鼻海豚自由漫游族群的鸣叫签名》（"Signature Whistles in Free Ranging Populations of Indo-Pacific Bottlenose Dolphins, *Tursiops aduncus*"），《海洋哺乳动物科学》，第30卷，2014年第2期，第512—527页。

18. 玛丽安娜·马尔库（Marianne Marcoux）、哈尔·怀特黑德和卢克·伦德尔（Luke Rendell），《饲养区域中的咯哒声几乎全由成熟雌性抹香鲸发出》（"Coda Vocalisations Recorded in Breeding Areas Are Almost Entirely Produced by Mature Female Sperm Whales [*Physeter macrocephalus*]"），《加拿大动物学杂志》（*Can. J. Zool.*），第84期，2006年，第609—614页。
19. S. 杰罗（S. Gero）、B. J. 戈登（B. J. Gordon）和哈尔·怀特黑德，《抹香鲸社会单元之间的个性化社会偏好和长期社会忠诚》（"Individualized Social Preferences and Long-Term Social Fidelity between Social Units of Sperm Whales"），《动物行为》，第102期，2015年，第15—23页。
20. 弗雷德里克·巴瑟马尤斯（Frédéric Bassemayousse），个人通信，2016年。
21. 保罗·蒂克西尔（Paul Tixier），个人通信，2017年。

## 第11章　抹香鲸的学校

1. 阿拉纳·亚历山大（Alana Alexander）等，《什么影响了抹香鲸世界范围内的基因结构》（"What Influences the Worldwide Genetic Structure of Sperm Whales"），《分子生态学》（*Molecular Ecology*），第25卷，2016年第12期，第2754—2772页。

2. 同上，第 2754 页。
3. 奥班（Aubin），前揭。
4. 杰罗（Gero）等，前揭，2015 年。
5. 康托尔（Cantor）等，前揭。
6. 格洛坦（Glotin）和吉斯（Gies），前揭。
7. E. C. 加兰（E. C. Garland）等，《海洋范围内的座头鲸有活力的文化横向传递》（“Dynamic Horizontal Cultural Transmission of Humpback Whale Song at the Ocean Basin Scale”），《当代生物学》（*Current Biology*），第 21 期，2011 年，第 687—691 页。
8. 珍妮·阿伦（Jenny Allen）、梅森·温里克（Mason Weinrich）、威尔·霍普皮特（Will Hoppitt）和卢克·伦德尔（Luke Rendell），《基于网络的传播分析揭示座头鲸拍打尾鳍进食存在文化传承》（“Network-Based Diffusion Analysis Reveals Cultural Transmission of Lobtail Feeding in Humpback Whales”），《科学》（*Science*），第 340 卷，第 6131 期，2013 年，第 485—488 页。
9. 克里斯托夫·吉内（Christophe Guinet），《克洛泽群岛逆戟鲸社会生态学：一种比较研究法》（*Socio-écologie des orques* [Orcinus orca] *de l'archipel de Crozet: une approche comparative*），动物生态行为学博士论文，埃克斯-马赛大学（Université Aix-Marseille），1991 年。
10. 樊尚（Vincent），前揭。
11. 安德鲁·富特（Andrew Foote）和 P. A. 莫林（P. A. Morin），《逆戟鲸的同域物种形成?》（“Sympatric Speciation in Killer Whales?”），《遗传性》（*Heredity*），第 114（6）期，2015 年，第 537—538 页；安德鲁·富特（Andrew Foote）等，

"基因—文化共同演化使得逆戟鲸的生态型迅速分化"("Genome-Culture Coevolution Promotes Rapid Divergence of Killer Whale Ecotypes"),《自然通讯》(*Nature Communication*)第7期,文章11693,2016年。

12. 安娜·科普斯(Anna M. Kopps)等,《工具使用文化传承与专业化居所结合造成瓶鼻海豚的细尺度基因结构》("Cultural Transmission of Tool Use Combined with Habitat Specializations Leads to Fine-Scale Genetic Structure in Bottlenose Dolphins"),《皇家生物学学会会议记录》(*Proceedings of the Royal Society B*),2014年,doi:10.1098/rspb.2013.3245。
13. 怀特黑德(Whitehead),前揭,2003年,第100页。

## 第12章　驯服我吧!

1. 罗伯托·布巴斯(Roberto Bubas),《丘布特逆戟鲸》(*Orcas del Chubut*),奥坎出版社(Awkan),2009年;樊尚(Vincent),前揭。
2. 老普林尼(Pline l'Ancien),《博物志》(*Histoire naturelle*),第九卷,第八章,第6段,埃米尔·利特雷(Émile Littré)译,杜博谢出版社(Dubochet),1848—1850年,网址:http://remacle.org/bloodwolf/erudits/plineancien/livre9.htm。
3. 阿芒迪娜·范考文贝赫(Amandine Van Cauwenberghe),个人通讯,2017年。
4. 安吉·格兰(Angie Gullan),个人通讯,2017年。
5. 弗朗索瓦·萨拉诺(François Sarano)和斯特凡娜·格兰左托(Stéphane Granzotto),《与海豚共舞》(*Danse avec les dauphins*),蒙娜丽莎影片公司-法国电视二台(Mona Lisa

Production-France 2），2015 年，52 分钟。

6. 让-弗朗索瓦·巴尔托（Jean-François Barthod），个人通讯，2017 年。
7. 同上。
8. 罗曼·加里（Romain Gary），《天之根》（*Les Racines du ciel*），页码出版社（Folio），第 242 本（1956 年），第 18 页。

## 第 13 章　不可或缺的地球野生共居者

1. S. 杰罗（S. Gero）和哈尔·怀特黑德（Hal Whitehead），《东加勒比海抹香鲸族群数量骤减》（"Critical Decline of the Eastern Caribbean Sperm Whale Population"），《公共科学图书馆·综合》，第 11（10）期：e0162019，2016 年。
2. J. P. 老怀斯（J. P. Sr Wise）等，《以抹香鲸为指示种评估全球铬污染》（"A Global Assessment of Chromium Pollution Using Sperm Whales [*Physeter macrocephalus*] As an Indicator Species"），《化学圈》（*Chemosphere*），第 75 卷，2009 年第 11 期，第 1461—1467 页；J. P. 老怀斯等，《抹香鲸皮肤成纤维细胞中的微粒基因毒性和溶性铬酸盐》（"The Genotoxicity of Particulate and Soluble Chromate in Sperm Whale [*Physeter macrocephalus*] Skin Fibroblasts"），《环境与分子突变》（*Environ. Mol. Mutagen.*），第 52 期，2011 年，第 43—49 页；L. C. 萨弗里（L. C. Savery）等，《以抹香鲸为指示种整体评估海洋铅污染》（"Global Assessment of Oceanic Lead Pollution Using Sperm Whales [*Physeter macrocephalus*] As an Indicator Species"），《海洋污染公报》（*Mar. Pollut. Bull.*），第 79 卷，2014 年第

1—2 期，第 236—244 页。

3. 苏珊娜·加伊多舍娃（Zuzana Gajdosechova）等，《长肢领航鲸大脑中镉聚集和汞之间的关系》（"Possible Link Between Hg and Cd Accumulation in the Brain of Long-Finned Pilot Whales [*Globicephala melas*]"），《整体环境科学》（*Science of the Total Environment*），第 545—546 卷，2016 年，第 407—413 页。

4. 阿兰·J. 贾米森（Alan J. Jamieson）等，《深海动物中持续性有机污染物的生物聚集》（"Bioaccumulation of Persistent Organic Pollutants in the Deepest Ocean Fauna"），《自然生态学和演化》（*Nature Ecology & Evolution*），第 1 卷，第 0051 号文章，2017 年。

5. J. P. 弗罗代洛（J. P. Frodello）、D. 维亚勒（D. Viale）和 B. 马尔尚（B. Marchand），《一头哺乳期雌性瓶鼻海豚的奶水和身体组织中的金属聚集》（"Metal Concentrations in the Milk and Tissues of a Nursing *Tursiops truncatus* Female"），《海洋污染公报》，第 44 期，2002 年，第 551—554 期。

6. 德尼·奥迪（Denis Ody），《地中海的鲸目动物，为了保护它们而进行的 12 年研究》（*Cétacés en Méditerranée, douze ans d'études pour leur protection*），世界自然基金会-群落生境出版社（WWF-Biotope éditions），2014 年。

7. 比安卡·翁格尔（Bianca Unger）等，《2016 年年初北海沿岸搁浅的抹香鲸体内发现大量海洋垃圾》（"Large Amounts of Marine Debris Found in Sperm Whales Stranded along the North Sea Coast in Early 2016"），《海洋污染公报》，第 112 卷，2016 年第 1 期，第 134—141 页。

8. 雷诺·斯特凡尼斯（Renaud Stephanis）等，《塑料垃圾作为抹香鲸主要食物》（"As Main Meal for Sperm Whales: Plastics Debris"），《海洋污染公报》，第 69 卷，2013 年第 1—2 期，第 206—214 页，网址：http://digital.csic.es/bitstream/10261/75929/1/1-s2.0-S0025326X13000489-main.pdf。
9. 詹纳·R. 詹贝克（Jenna R. Jambeck）等，《陆地塑料垃圾进入海洋》（"Plastic Waste Inputs from Land into the Ocean"），《科学》，第 347 卷，第 6223 期，2015 年，第 768—771 页。
10. 让·图纳德尔（Jean Tournadre），《人类活动对开放海洋产生的压力：高度计数据分析所揭示的船运增长》（"Anthropogenic Pressure on the Open Ocean: The Growth of Ship Traffic Revealed by Altimeter Data Analysis"），《地球物理研究通讯》（*Geophysical Research Letters*），第 41 卷，第 22 期，2014 年，第 7924—7932 页。
11. 埃尔韦·格洛坦（Hervé Glotin），个人通讯，2017 年。
12. 亚历杭德罗·埃斯特拉达（Alejandro Estrada）等，《世界灵长目迫在眉睫的灭绝危机：为什么灵长目很重要》（"Impending Extinction Crisis of the World's Primate: Why Primates Matter"），《科学进展》（*Science Advances*），第 3 卷，2017 年第 1 期。
13. 国际自然保护联盟（UICN），前揭。
14. 网址：http://www.worldometers.info/fr。
15. 世界银行，网址：http://donnees.banquemondiale.org/indicateur/SP.URB.TOTL.IN.ZS。
16. 联合国粮食及农业组织渔业（FAO World Fisheries），网址：http://www.fao.org/3/a-i5555e.pdf，2016 年。
17. 塞尔（Serres），前揭。

18. 2000 年至 2001 年海洋动物普查（Census of Marine Life, 2000－2010），网址：http：//www. coml. org。
19. 萨拉诺（Sarano），前揭，2011 年，第 198—200 页。
20. 斯蒂芬·杰伊·古尔德（Stephen Jay Gould）等，《生命之书》（*Le Livre de la vie*），瑟伊出版社，1993 年，第 68 页。
21. 菲利普·德科拉（Pjilippe Descola），《非人类的灵魂》（“L’âme des non-humains”），见《人与动物：30 000 年的历史》（*L’homme et l’animal, 30 000 ans d’histoire*），《观察家》（*L’Obs*），特刊第 94 期，2017 年，第 17 页。
22. 瓦莱丽·卡瓦内斯（Valérie Cabanes），《地球的新权利，终结生态灭绝》（*Un nouveau droit pour la Terre, pour en finir avec l’écocide*），瑟伊出版社，2016 年，第 256—258 页。
23. 弗朗索瓦·萨拉诺（François Sarano），《滨海瓦朗斯》（“Valence-sur-Mer”），《德龙手册》（*Les Cahiers drômois*），第 17 期，2007 年，第 89—100 页。

# 参考书目

这本书想要成为打开抹香鲸秘密世界的一扇窗。

它提供的实地考察经历每一天都颠覆一点我们的知识。

研究是一种进行时。

我们建议您在这个网页上跟踪其最新消息：

研究进行时（*La Recherche en marche*），

网址：http://www.longitude181.org/l181-actes_sud-14/。

米歇尔·安德烈（Michel André），《抹香鲸声呐：缓解海洋环境中人为噪声效应的监测与应用》（*The Sperm Whale Sonar: Monitoring and Use in Mitigation of Anthropogenic Noise Effects in the Marine Environment*），爱思唯尔科学出版社（Elsevier Science），2008年。

匿名（Anonyme），"潜在内分泌干扰物TDEX名单"（"TDEX List of Potential Endocrine Disruptors" [perturbateurs endocriniens]），2016年，网址：http://endocrinedisr-uption.org/endocrine-disruption/tedx-list-of-potential-endocrine-disruptors/overview。

利萨·T. 巴兰塞（Lisa T. Balance）、萨拉·I. 梅尼克（Sarah I. Mesnick）和苏珊·J. 奇弗斯（Susan J. Chivers），《逆戟鲸狩猎抹香鲸：观察与结果》（"Killer Whale Predation on Sperm Whales: Observations and Implications"），《海洋哺乳动物科学》，第17卷，2001年第3期，第494—507页。

托马斯·比尔（Thomas Beale），《抹香鲸自然史》（*The Natural History of Sperm Whales*），1839年，网址：https://books.google.fr/books/about/The_natural_history_of_the_sperm_whale_T.html?id=txceaaaaqaaj&redir_esc=y。

P. B. 贝斯特（P. B. Best）和D. S. 巴特沃思（D. S. Butterworth），《抹香鲸学校中的发情期时间控制》（"Timing of Estrus within Sperm Whale Schools"），《国际鲸类委员会报告》，特刊2，sc/sp78/1，1980年，第137—140页。

罗伯托·布巴斯（Roberto Bubas），《丘布特逆戟鲸》（*Orcas del Chubut*），奥坎出版社（Awkan），2009年。

S. 卡桑（S. Cassen）和J. 瓦克罗（J. Vaquero），《一件东西的形状》（"La forme d'une chose"），见《建筑元素：探索莫比

尔昂省埃尔德旺拉内克·埃尔·加杜埃尔一处坟堆。新石器时代莫比尔昂省的建筑与重建。对于符号阅读的建议》(*Éléments d'architecture: exploration d'un tertre funéraire à Lannec er Gadouer, Erdeven, Morbihan. Constructions et reconstructions dans le Néolithique morbihannais. Propositions pour une lecture symbolique*),绍维尼出版社(Éditions chauvinoises),记忆 19,2000 年,第 611—656 页。

S. 卡桑和 J. 瓦克罗,《惊呆的欲望》("Le désir médusé"),见《符号表达,新石器时代和原始史时期的艺术表现. 法兰西公学院研讨会》(*Expressions symboliques, manifestations artistiques du Néolithique et de la protohistoire. Séminaires du Collège de France*),J. 吉莱纳(J. Guilaine)主编,漂泊出版社(Errance),2003 年,第 91—118 页。

J. 克里斯特尔(J. Christal)、哈尔·怀特黑德(H. Whitehead)和 E. 莱特沃尔(E. Lettewall),《抹香鲸社会单元:差异与变化》("Sperm Whale Social Units: Variation and Change"),《加拿大动物学杂志》,第 76 期,1998 年,第 1431—1440 页。

卡伦·埃万斯(K. Evans)和马克·A. 欣德尔(Mark A. Hindell),《澳大利亚南部水域雌性抹香鲸的饮食》("The Diet of Sperm Whales [*Physeter macrocephalus*] in Southern Australian Waters"),《国际海洋考察理事会海洋科学杂志》(*ICES Journal of Marine Science*),第 61 卷,2004 年第 8 期,第 1313—1329 页。

埃里希·菲茨杰拉德(Erich Fitzgerald),《澳大利亚海滩发现一足之长的古代牙齿》("Foot-Long Ancient Tooth Discovered on Australian Beach"),《纽约时报》(*The New York Times*),

2016 年 5 月 12 日，网址：https://www.nytimes.com/2016/05/12/science/foot-long-ancient-tooth-discovered-on-australian-beach.html。

克里斯托夫·吉内（Christophe Guinet），《当逆戟鲸发动攻击》（“Quand l'orque attaque”），《生物的世界》（*L'Univers du vivant*），第 28 期，1989 年。

米歇尔·哈比卜（Michel Habib），《情绪与动机神经心理学》（*Neuropsychologie des émotions et de la motivation*），硕士二年级，巴黎五大，2006 年，网址：http://www.resodys.org/img/pdf/coursM2ParisV-2.pdf。

J. P. 奥布瓦（J. P. Hautbois）和 M. 奥布瓦（M. Hautbois），《狩猎大型鲸目动物的最近变化》（“Évolution récente de la chasse aux grands cétacés”），《高山地理杂志》（*Revue de géographie alpine*），第六十二卷，1974 年第 2 期，第 259—268 页。

阿兰·J. 贾米森（Alan J. Jamieson）等，《深海动物中持续性有机污染物的生物聚集》（“Bioaccumulation of Persistent Organic Pollutants in the Deepest Ocean Fauna”），《自然生态学和演化》（*Nature Ecology & Evolution*），第 1 卷，第 0051 号文章，2017 年。

阿兰·J. 贾米森等，《强者逻辑：动物们被否定的意识》（*La Raison des plus forts: la conscience déniée aux animaux*），依鄙人之见出版社，“自由激进分子”丛书（coll. “Radicaux libres”），2010 年。

S. 金（S. King）等，《瓶鼻海豚能区分个体的鸣叫签名的声音复制》（“Vocal Copying of Individually Distinctive Signature Whistles in Bottlenose Dolphins”），《皇家生物学学会会议记

录》，第 280 卷，2013 年，第 1757 期，20130053。
G. 拉巴迪（G. Labadie）、P. 蒂克西尔（P. Tixier）、J. 瓦基耶-加西亚（J. Vacquié-Garcia）、L. 特吕代勒（L. Trudelle）、N. 纳斯科（N. Nasco）和 C. 吉内（C. Guinet），《克洛泽群岛和凯尔朗盖群岛的抹香鲸，照片识别目录》（*Sperm Whales of the Crozet and Kerguelen Islands, Photo-Identification Catalogue*），希泽生物学研究中心（Centre d'étude biologique de Chizé），2014 年。
《搁浅的抹香鲸名单》（*List of Sperm Whale Stranding*），网址：https://en.wikipedia.org/wiki/List_of_sperm_whale_strandings。
托马斯·吕霍尔姆（Thomas Lyrholm）、奥洛夫·莱马尔（Olof Leimar）、博·约翰内松（Bo Johanneson）和乌尔夫·于伦斯滕（Ulf Gyllensten），《抹香鲸的性偏好分布：对比全球族群的线粒体和核遗传结构》（"Sex-Biased Dispersal in Sperm Whales: Contrasting Mitochondrial and Nuclear Genetic Structure of Global Populations"），《皇家生物学学会会议记录》，第 266 卷，第 1417 期，1999 年，第 347—354 页。
R. 麦克阿瑟（R. MacArthur）和 E. O. ·威尔逊（E. O. Wilson），《岛屿生物地理学理论》（*The Theory of Island Biogeography*），普林斯顿大学出版社（Princeton University Press），1967 年。
洛里·马里诺（Lori Marino）等，《鲸目动物有复杂的大脑进行复杂的认知》（"Cetaceans Have Complex Brains for Complex Cognition"），《公共科学图书馆·生物学》（*plos Biol.*），第 5 卷，第 5 期，2007 年，e139。
卡里纳·卢·马提翁（Karine Lou Matignon）等，《动物革命：

动物们如何变得聪慧》(*Révolutions animales. Comment les animaux sont devenus intelligents*),德法公共电视台出版社-解放的关系出版社,2016年。

布赖恩·S. 米勒(Brian S. Miller)等,《通过声学得出的新西兰凯库拉抹香鲸增长率》("Acoustically Derived Growth Rates of Sperm Whales [*Physeter macrocephalus*] in Kaikoura, New Zealand"),《海洋哺乳动物》(*Marine Mammals*),2013年,网址:http://www.marinemammals.gov.au/__data/assets/pdf_file/0018/138105/Miller-2013-Acoustically-derived-growth-rates-of-sperm-whales-Physeter-macrocephalus-jasa.pdf。

P. J. O. 米勒(P. J. O. Miller)等,《抹香鲸典型睡眠行为》("Stereotypical Resting Behavior of the Sperm Whale"),《当代生物学》,第18期,2008年,第21—23页,网址:http://www.nature.com/news/2008/080221/full/news.2008.613.html。

西胁正治(Masaharu Nishiwaki)等,《抹香鲸在生长时形态的变化》("Change of Form in the Sperm Whale Accompagnied with Growth"),《鲸类研究所科学报告》(*Sci. Rep. Whales Res. Inst.*),第17期,1963年,网址:http://www.icrwhale.org/pdf/sc0171-14.pdf。

大隅诚司(Seiji Ohsumi)等,《抹香鲸上颌齿内牙本质生长层的积累速率》("Accumulation Rate of Dentinal Growth Layers in the Maxillary Tooth of the Sperm Whale"),1963年,网址:http://www.icrwhale.org/pdf/sc01715-35.pdf。

雅克·佩兰(Jacques Perrin)和雅克·克吕佐(Jacques Cluzaud),《海洋》(*Océans*),加拉泰影视(Galatée Films),百代电影公司(Pathé),2010年,104分钟。

雅克·佩兰和雅克·克吕佐,《海洋一族》(*Le Peuple des*

*océans*)，加拉泰影视-法国电视二台，2011 年，4 分 52 秒。
罗伯特·L. 皮特曼（Robert L. Pitman）等，《加拉帕戈斯群岛抹香鲸受到伪虎鲸袭击》（"Attack by False Killer Whales [*Pseudorca crassidens*] on Sperm Whales (*Physeter macrocephalus*) in the Galapagos Islands"），《海洋哺乳动物科学》第 12 卷，2006 年第 4 期，第 582—587 页。
雅各布·冯·于克斯屈尔（Jacob von Uexküll），《动物界和人界》（*Milieu animal et milieu humain*），海岸出版社（Rivages），1934 年。
琳达·魏尔加特（Linda Weilgart）和哈尔·怀特黑德，《加拉帕戈斯群岛海域抹香鲸的咯哒声交流》（"Coda Communication by Sperm Whales [*Physeter macrocephalus*] off the Galapagos Islands"），《加拿大动物学杂志》，第 71 卷，1992 年第 4 期，第 744—752 页。
哈尔·怀特黑德，《抹香鲸群的一致运动》（"Consensus Movements by Groups of Sperm Whales"），《海洋哺乳动物科学》，第 32 卷，2016 年第 4 期，第 1402—1415 页。
A. D. M. 威尔逊（A. D. M. Wilson）和 J. 克劳泽（J. Krause），《亚速尔群岛海域一条瓶鼻海豚和一头抹香鲸之间重复的非竞争互动》（"Repeated Non-Agonistic Interactions between a Bottlenose Dolphin [*Tursiops truncatus*] and Sperm Whales (*Physeter macrocephalus*) in Azorean Waters"），《水生哺乳动物》，第 39 期，2013 年，第 89—96 页。
托尼·吴（Tony Wu），网址：http://www.atlasobscura.com/articles/photographing-a-superpod-of-sperm-whales，2016 年。
油管频道，参考五：https://www.youtube.com/watch?v=YvffGiwBOYk。

# 致　谢

献给你们，韦罗妮克、玛丽昂、莫德（Maud），你们重读了这本书，配以插图、给予鼓励，耐心等待这本书问世。

万分感谢你，斯特凡纳，你让我有了讲述我们的抹香鲸朋友故事的机会。

一本书总是集体的作品。

这本书若没有众多朋友决定性的帮助将无法成书：

于格·维特里（Hugues Vitry），他从孩童时期就认识毛里求斯岛的抹香鲸，他的海洋巨型动物保护组织有力地保护着它们。

勒内·厄泽（René Heuzey），他很热情地让我和抹香鲸相遇，并且花了数百小时帮我分析他自 2011 年以来拍摄的影片。

阿克塞尔·普勒多姆（Axel Preud'homme），他将每次下水都变为和鲸目动物的神奇约会，他日复一日地搜集抹香鲸研究所必不可少的观察记录。

纳温·里希南德·布杜尼（Navin Rishinand Boodhoonee），他是船长，是“金耳朵”，找抹香鲸没有谁能比得上他，他带我们来到它们身边。

毛里求斯岛抹香鲸研究计划的生态志愿者们，尤其是斯特凡纳·格兰左托、法布里斯·介朗（Fabrice Guérin）、达尼埃尔·茹阿内、瓦妮沙·米尼翁、纪尧姆·樊尚，他们为定期追踪我们的抹香鲸朋友提供了不可或缺的资料、照片、录制的视频。

奥利维耶·亚当和法比耶纳·德尔富尔两位教授仔细耐心地重读了书稿，并且给我提供了那么多不可或缺的建议。

埃尔韦·格洛坦教授，让我们沉浸在脉冲间隔、咔嚓声和铛铛声的世界里。

弗雷德·巴瑟马尤斯，他提供了一头抹香鲸降生的独一无二的证词和图像。

让-弗朗索瓦·巴尔托、库尔特·阿姆斯勒、弗朗索瓦·安贝尔（François Humbert），他们提供了珍贵的证词。

尼古拉·鲁（Nicolas Roux）剪辑了二维码中提供的视频，达尼埃尔·克鲁普卡（Daniel Krupka）创立了二维码页面[①]，让这本书永葆青春。

帕特里斯·比罗（Patrice Bureau）和经度 181 的全体团队，他们的友谊和支持为抹香鲸族群科学研究带来了必要的冲劲。

在潜水状态下研究抹香鲸是在“莫比·迪克计划”的框架之下进行的，该计划由座头鲸协会（Megaptera）和海洋巨型动物保护组织倡导，在毛里求斯岛政府的许可与支持下进行，我们对此深表感谢，尤其是：总理办公室（大陆架、海事区域管理局，CSMZAE）、阿尔比翁研究中心（Centre de recherche d'Albion）、旅游部、渔业和农业部的官员们、毛里求斯旅游局（Mauritius Tourism Authority）、毛里求斯电影开发公司（Mauritius Film Development Corporation，MFDC）。

---

① 二维码在本中文版中因技术原因无法提供。

图书在版编目（CIP）数据

深海的低语：抹香鲸的隐秘世界 /（法）弗朗索瓦·萨拉诺著；杨淑岚译. 一上海：东方出版中心，2024.4
ISBN 978-7-5473-2358-8

Ⅰ. ①深… Ⅱ. ①弗… ②杨… Ⅲ. ① 鲸 - 研究 Ⅳ. ①Q959.841

中国国家版本馆CIP数据核字（2024）第060439号

Le Retour de Moby Dick. Ou ce que les cachalots nous enseignent sur les océans et les hommes
By FRANÇOIS SARANO

Simplified Chinese Edition arranged through S.A.S BiMot Culture, France.


上海市版权局著作权合同登记：图字09-2024-0284

深海的低语：抹香鲸的隐秘世界

著　　者　[法]弗朗索瓦·萨拉诺
译　　者　杨淑岚
插　　图　[法]玛丽昂·萨拉诺
责任编辑　陈哲泓
装帧设计　付诗意

出 版 人　陈义望
出版发行　东方出版中心
地　　址　上海市仙霞路345号
邮政编码　200336
电　　话　021-62417400
印 刷 者　上海盛通时代印刷有限公司

开　　本　787mm × 1092mm　1/32
印　　张　8.25
字　　数　130千字
版　　次　2024年9月第1版
印　　次　2024年9月第1次印刷
定　　价　59.80元